JN168070

新コロナシリーズ 62

科学技術の発展とエネルギーの利用

新宮原 正三 著

コロナ社

まえがき

今日の科学技術は一〇〇年前と比べるとはるかに進歩していて、現代社会に生きる人々は快適で便利な文明を享受しています。太平洋戦争後の昭和の時代には、テレビや冷蔵庫、電気掃除機などの家電製品が普及し、さらには多くの家庭で自家用自動車が使用されるようになりました。

このような文明の利器の進化は留まることを知りません。特に最近十年間では、携帯電話が普及し、そしてスマートフォンの登場によりいつでもどこでも電話のみならず音楽や動画を受け取り個人で楽しむことができるようになりました。これらは昭和の時代には想像もつかなかった革新的技術です。また、鉄道や自動車、飛行機の普及と性能向上により、交通手段は以前より格段に便利となっています。かくして先進国においては科学技術の著しい発展の上に、過去に類を見ないような快適な生活が営まれています。しかし、それとともにエネルギー消費量は年々増大を続けていて、近い将来の化石燃料枯渇の問題や地球温暖化が懸念されるようになってきました。

本書では、偉大な先人たちによって為し遂げられてきた科学技術の発展の経緯を解説し、その中で培われてきた考え方や思想について説明します。特に、エネルギーの概念は科学技術の発展とともに進化してきており、「エネルギー」の言葉が含むさまざまな側面についても概説を行っています。現代社会ではさまざまな形で多くのエネルギーを使用して、文明社会が成り立っています。そこで、最も身近な電気エネルギーに関して、どのような方法で発電されているのかを紹介します。また、自動車や電車などの動力にどのようなエネルギーが用いられているかに関しても解説しています。

石油や石炭などの化石燃料は産業革命以後、経済発展とともにどんどん消費量が増え、今日では数十年後あるいは百数十年後には枯渇されるのではと危惧されるようになりました。二十世紀に入って太陽光発電、風力発電、バイオマスといった新たな再生可能エネルギーが開発され、また原子力エネルギーの発電への利用も実用化しました。しかし、エネルギー消費の増大とともに、地球温暖化が懸念されるようになり、温室効果ガスである二酸化炭素の削減が世界的な規模で検討されるようになってきています。エネルギー問題に関して、世界的に見て今後どのような展開があるかは国際経済や政治と深く関連しており、また私たちの生活とも直接・間接に関わっています。

そこで本書は、理系の人のみならず文系の人たちにもできるだけわかりやすく科学技術の基本概念を説明し、またそれらに基づいて科学技術の発展の経緯や、エネルギーに関わる諸問題を解説することを意図して企画されました。またエネルギーに関しては何種類かの単位があり、ニュースなどで見聞きする情報では、単位の説明がないために量的な把握が難しくなっています。そのため、本書では単位に関しては、わかりやすいように解説することを心がけました。

本書を未来を担うみなさんに読んでいただいて、多くの方々にエネルギー問題に関する興味と基礎知識を深めていただくことを切に願っております。

二〇一六年二月

新宮原　正三

もくじ

第一編　科学技術とエネルギーの概論

1　科学技術発展史の概観

2 エネルギーについて知ってみよう

3 電気エネルギーはどこから来るか

4　乗り物とエネルギー

第二編　エネルギーの課題と地球温暖化

第一編　科学技術とエネルギーの概論

1　科学技術発展史の概観

車輪の利用

人類の技術史において、車輪の利用は人間が最初に用いた道具の一つとして重要な意味を持っています。いつごろから車輪を利用していたかについては、記録に残っている範囲では紀元前三〇〇〇年から四〇〇〇年頃の歴史的遺構に見られる荷車や戦車などのレリーフに記されています（写真1）。それよりもかなり以前から、車輪はさまざまな形で使用されてきたとみるのが妥当なようです。乗り物として、馬車や牛車などが相当早くから用いられていたのは間違いありません。

ここで用いられた車輪は、しばらく後に滑車へ応用されることとなりました（文献(1)）。重い石などを吊り上げるために、複数の滑車とロープを組み合わせたクレーンがローマ帝国時代に使用された記録があります。用いる動滑車の個数に反比例して、ひもを引っ張るのに必要な力が小さくなり重い巨石などを持ち上げることが可能になるのです（写真2・図1）。昔の人は、工夫と経験によっていろいろな技術を編み出していったのでしょう（文献(2)(3)）。

写真1　馬に引かれる戦車が描かれたレリーフ〔出典：Wikipedia[4]〕

ローマ時代のクレーンを再現した実物（ドイツ、ボン市）

写真2　古代のクレーン〔出典：Wikipedia[5]〕

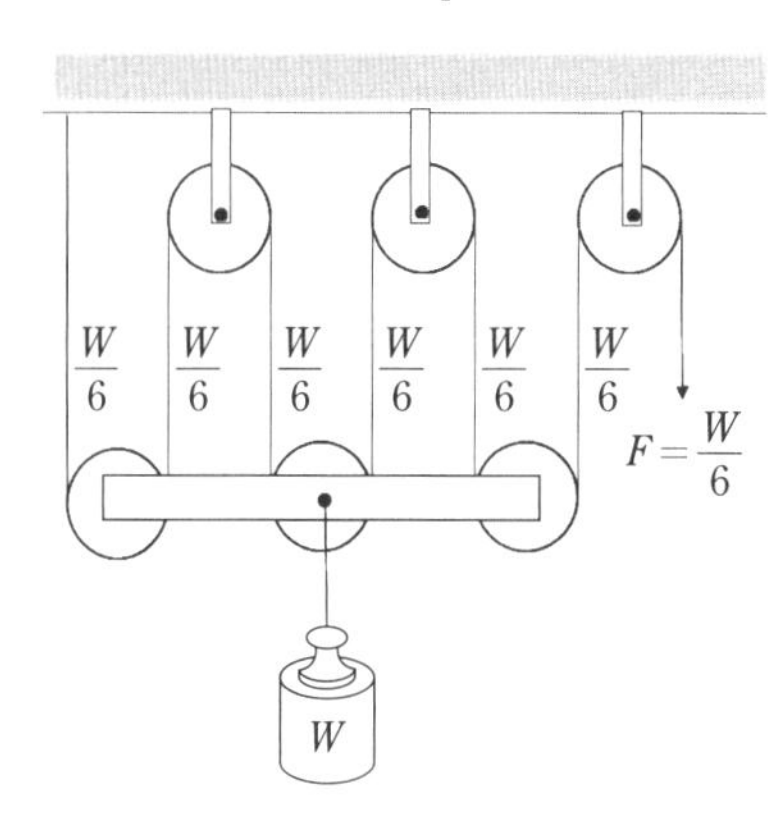

図1　滑車の仕組み

紀元前の金属技術

紀元前の時代には残っている文書がわずかであるため，石碑に記された文字や，パピルス書や，遺跡からの発掘物そのものから当時の文化や技術を知るしかありません。

そのような遺跡物の代表格として，鉄器や青銅器などがあります。火をおこして鉄や青銅を操ることができるようになり，包丁や剣，矢じりの材料としてこれらの金属加工物が作られるようになったのも，紀元前です。そのなかでも，中国の秦の始皇帝の墓の副葬品と言われる，兵馬俑（へいばよう）（写真3）に見られる金属加工技術は当時としては目覚ましいものがありました。セラミックの等身大の兵隊や馬は，刀や馬具などを身に着けたまま長期間地中に眠っていたのです。この刀を科学者が分析した結果，母材，つまり基体となる材料である青銅の上にクロムを数十μm程度の厚みで被覆し，その結果形成されたクロム酸化物が内部の青銅の腐食を妨げ，長期間保存に耐えたのです。クロム薄膜は，メッキ技術によって形成されたものと推測され，その当時からメッキ技術があったことも明らかとなりました。

写真3　兵馬俑（著者撮影）

この兵馬俑はいまから約二二〇〇年以前に作成されたと推定されています。クロムメッキ技術が欧米で開発されて産業化したのは二十世紀半ばであったので、この古代中国の技術はたいへん高度な技術だったと言えます。

水車・風車技術の始まり

乗り物に使用された車輪は、紀元前一世紀頃になって水車技術に発展しました。ローマ時代に水車による製粉技術が考案され、ヨーロッパ中に広がっていきました。小麦粉を挽くための石臼は人力で回すにはかなり重いために、製粉は重労働でした。ロバなどの家畜を用いた石臼挽きも行われていました。しかし、水車による製粉がひとたび確立すると、人々は重労働から解放されたのです。

水の流れによっておこされる水車の回転運動は、歯車によって伝達されて石臼を回して製粉の動力に用いられたのです。歯車がいつ発明されたかは明確ではありませんが、古代ギリシアでは紀元前三世紀にアルキメデスが走行距離計などのさまざまな機械に歯車を応用したと考えられています。また中国では紀元前二世紀頃より水車やチェーンポンプなどに歯車が使用されたという記録があります。このころから、水力を用いて仕事をする機械が考案されて使用されていたのです。

また、中世のイスラム地域ではノリアという汲み上げ式水車が普及し、灌漑（かんがい）に大きな威力を発揮しました。これは水車が水流の力によって回転するときに、同時に外周に取り付けられた桶が水をすくい上げ、回転とともに桶が最高位置から下がるときに、水を地面よりも高い位置の導水路に注ぎ入れる仕組みです。（写真４）

オランダなどで見られる風車（写真５）も同様な機構を備えていました。風車は大きな羽車を持つ構造であり、オランダでの風車利用の主目的は灌漑で、水を汲み上げることによって埋立地をどんどん増やしていったことは有名ですが、その時期は十五世紀以降でした。

シリアのオロンテス川にある
水汲み水車（ノリア）

写真４　ノリア（水車）〔出典：Wikipedia[6]〕

写真５　オランダの風車〔出典：Wikipedia[7]〕

時計技術の発展

初期の歯車機構は木製であり、水車や風車もほとんどの部品は木製でした。しかし金属の加工技術が進歩して金属製の歯車機構が作成されるようになると、精巧な歯車機構を持つ各種機械が登場するようになりました。時計技術はその代表に位置づけられるものです。十三世紀を過ぎるころより、時計の針が一定の速さで動くような調速装置が付いた時計が考案されました。特に十五世紀末期になって、ゼンマイ（細い金属ばね材料を軸の周りに巻き付けたもの）を用いた時計がドイツのニュルンベルクのペーター・ヘンラインにより考案されました（図2）。

ゼンマイ式時計は、それまでの時計よりもはるかに小型化可能でしかも正確でした。これによって、懐中

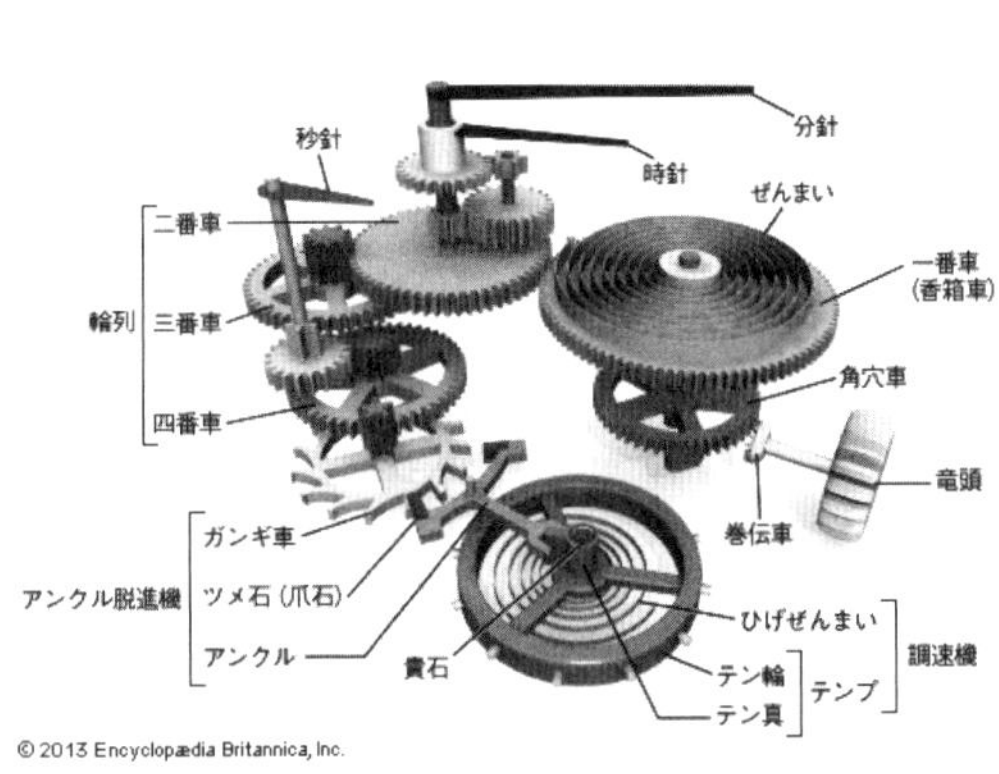

図2 時計に用いられる歯車機構〔出典：ブリタニカ・オンライン・ジャパン「ぜんまい式腕時計の構造」[8]

時計の作成が可能となったのです。懐中時計を持つことは社会的地位が高く裕福であることの証明でもあり、宝石をちりばめた懐中時計も当時はやったようです。この技術は、今日のスイス製などの高級腕時計へとつながっていくものでした。

その後、振り子の振動周期が振り子の長さで決まった値を持つことが、十六世紀にガリレオによって発見されましたが、一六五六年にオランダのホイヘンスにより、その原理を用いたさらに正確に時間を刻む振り子時計が発明され、数年間でヨーロッパ中に広まりました（写真6）。このように時計の高性能化は徐々に進展していきますが、その過程で多くの職人が機械仕掛けに関する技術を学び、またそれを用いてほかの機械製品の製造へと発展させていきました。

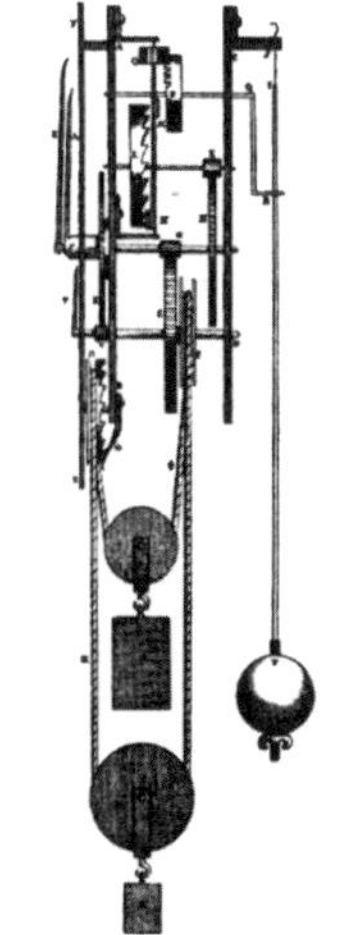

写真6　振り子時計
〔出典：Wikipedia(9)〕

印刷技術・錬金術など

科学技術や文化の発展において、印刷技術の役割はたいへん大きいものでした。グーテンベルクは一四五〇年ごろに活字を用いた印刷機の開発に成功しました（写真7）。それまでは、書物は人の手で書き写すしか複製の方法がなかったのです。例えば、仏教経典であるとか、聖書などは、人の手で写本を行うしか複製はできませんでした。またそれら以外の文書も同様でした。印刷機の発明によって大量に書物の複製を印刷することができるようになったのです。グーテンベルクの発明の時代では、ドイツ語で書かれたキリスト教の聖書の出版の必要性が高まっていた時期でもありました。印刷機械によって大量に複製が出回るようになった聖書は、十六世紀の宗教改革におけるプロテスタント信者の急増に対応できるものでした。この印刷技術の発明によって、文学作品が大衆化し、またさまざまな図面や文書が印刷可能となって新しい技術の普及速度が格段に速くなりました。

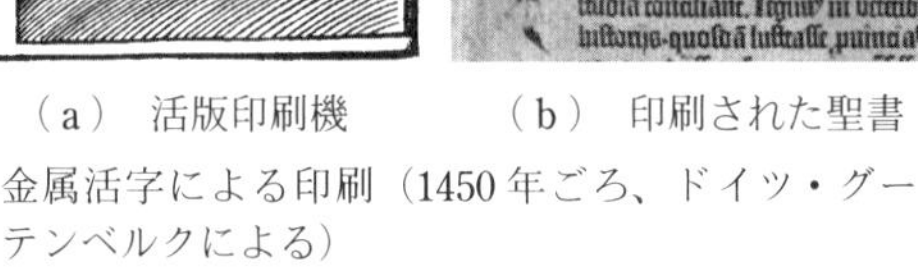

（a） 活版印刷機　　（b） 印刷された聖書

金属活字による印刷（1450年ごろ、ドイツ・グーテンベルクによる）

写真7　印刷技術の始まり〔出典：Wikipedia[10][11]〕

錬金術は金属を溶かし融合させて、金を作り出したいという人間の欲から始まりましたが、その過程でさまざまな元素の存在が明らかとなり、また化学実験の基礎技術が培われてきました。また万能薬であり、卑金属を金に変えることができる「賢者の石」を探し求める人々は、七―八世紀頃のイスラム世界にも数多くいて、その技術が十二世紀頃にヨーロッパに伝えられ、ヨーロッパでも錬金術が盛んとなりました。その流れの中で、リンの発見（一六六九年）、酸素の発見（一七七一年）、などがなされ、近代化学の勃興（ぼっこう）へとつながりました。

火薬は中国において九世紀頃に発明されました。硫黄や硝石（硝酸カリウム）を扱っている過程で、偶然に爆発的な燃焼が起きることがわかったのです。これはすぐさま軍事に用いられることとなりましたが、並行して花火の生産も行われるようになりました。このような発見は必ずしも原理がわかっていたわけではなく、あくまで偶然の産物であったのです。その後かなりの時間をかけて、化学反応過程が明らかとなってきたのです。

火薬の技術は十三世紀ごろにヨーロッパに伝わり、短期間に広まりました。木炭、硫黄、硝石を混ぜた黒色火薬は火薬の代表格ですが、これを金属容器に封じ込めて燃焼させると、内部圧力が高まって爆発が起きます。その原理に基づいて鉄砲や大砲が考案されました。

十八世紀頃は、化学の基礎をなす「熱力学」、また物理学の基礎をなす「力学」のそれぞれの基本概念が形成された時期であり、これらと並行して、本格的な科学技術の発展が立ち上がっていくこととなりました。なかでも、蒸気機関の発明は、第一次産業革命を引き起こす原動力として近代科学技術の発展に多大な貢献をしました。

蒸気機関の発明

十七世紀後半においては、イギリスやスコットランドでは製鉄産業が盛んとなってきて、鉄の製錬に必要な石炭の採掘が活発に行われました。しかし石炭の坑道を掘っていくと地下水が溢れてきて作業が中断されるので、地下水の排出が重要な技術課題でした。そのような背景の中で、水蒸気が冷えるときに発生する負圧を利用した排水機構が考案されました。トーマス・セイバリの「炭鉱夫の友」という排水用機械（一六九八年）（写真8・図3）では、高温の水蒸気をシリンダーに入れて密閉し、そのシリンダーを冷やす（図3(a)）ことによって水蒸気を凝結させて水にすると、シリンダー内部の圧力が減少して負圧が発生するのです(b)）。そこで排出用のバルブを開け

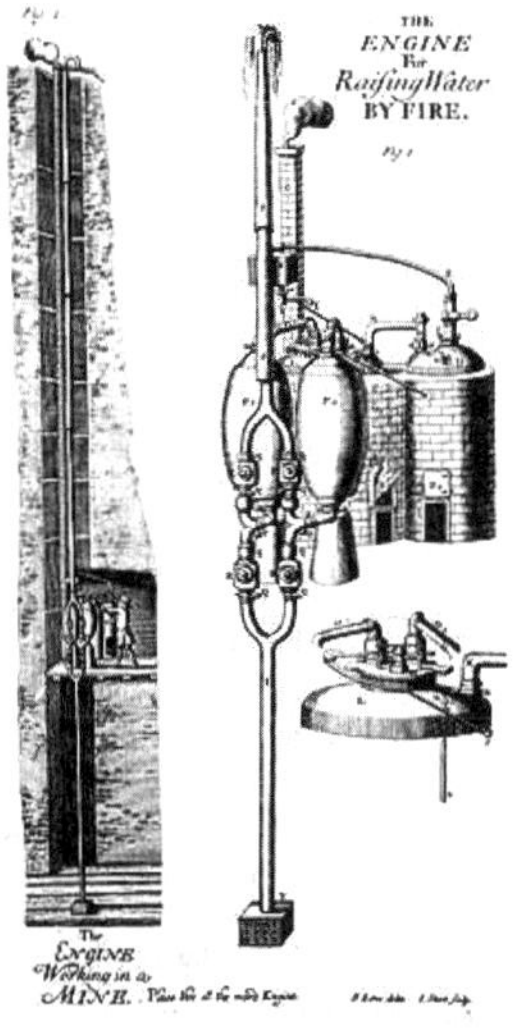

写真8　セイバリの炭鉱夫の友の図〔出典：Wikipedia[12]〕

ると地下水が負圧によってシリンダー内に吸い込まれて移動し、排水が進行します(c)。さらに、高圧の蒸気をもう一度シリンダーに送り込むことによって、シリンダー内の水を高い位置に押し上げて、排水が完了することとなります(d)。

この技術は一七一二年のニューコメンによる蒸気機関の発明につながり、さらにはシリンダーの外に蒸気を水に戻す復水器を設けて高効率化を実現したワットの蒸気機関(一七六九年特許取得)へと

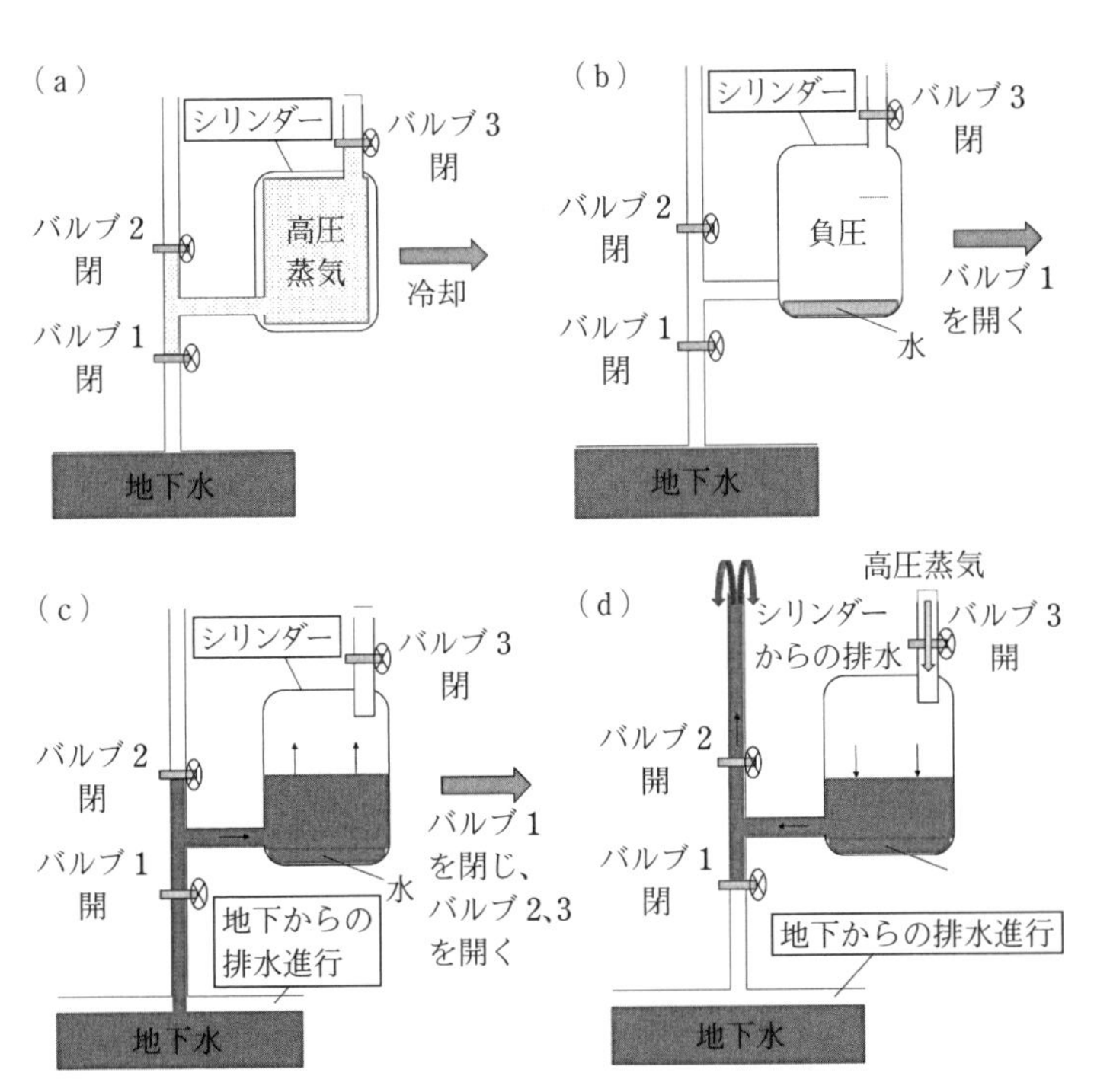

図3　地下水排水の手順を示す図

発展していきました（写真9）。一七七五年にワットたちが実用化した排水用蒸気機関はニューコメンのものより二倍の高効率化がなされていました。

この蒸気機関によって、水力、風力といった自然エネルギー以外の、人間が発明した動力源をエネルギー源とした機械装置が人類史に初めて登場したのです。また、技術者や科学者たちのさらなる努力によって、蒸気機関車（図4）や蒸気自動車などが誕生してきたのです。

写真9　ワットの蒸気機関（当時の装置の再現模型）〔出典：Wikipedia[12]〕

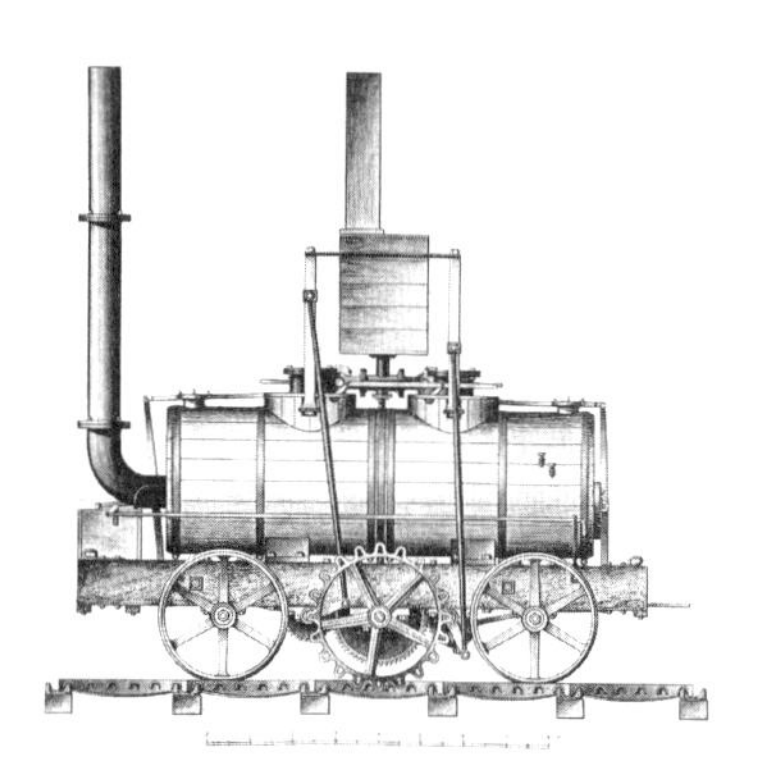

1812年にJohn Blenkinsopにより作成された蒸気機関車

図4　初期の蒸気機関車〔出典：Wikipedia[13]〕

電気の発明と利用

十八世紀後半のもう一つの大発見は、電気エネルギーです。ギリシャ時代の頃より、琥珀(こはく)をこすると布地などが引きつけられることがよく知られていました。これを琥珀の持つ特別な神秘の力と考え、琥珀が呪術に用いられることもありました。十六世紀末にイギリスの医師だったギルバートは、摩擦によって発生する何らかの力のもとを、Electrumと呼びました。これが今日の電気（electricity）の語源となったのです。Electrumの語源であるElectronはギリシア語で琥珀を意味する言葉だったようです。

パリ大学のノーレは一七四八年に検電器（写真10(a)(b)）を発明しました。ガラス瓶の中に二枚の金属板を配置し、その上部は金属で編んだ紐によって瓶上部の金属電極につながっています。金属電極を琥珀でこすると、静電気が発生してガラス瓶内部の二枚の金属板に蓄えられます。金属板に蓄えられる電荷は同じ符号なので、反発力が生じて二枚の金属板の下部が開くことになります。これにより、電気が金属板に溜まったことを視覚的にとらえることができるのです。

ノーレの検電器は、ほぼ同様のものが今日でも理科の教材として使用されています。またほぼ同時期に、オランダのライデン大学では静電気をガラス瓶内部に蓄えるライデン瓶（写真10(c)）が考案されました（一七四五年）。このころから電気の存在が少しずつ明らかとなり、科学者たちが研究を始めたのです。

一七八〇年には、生物学者のガルバーニ（イタリア）は、カエルの足の神経に切断用および固定用に黄銅と鉄の二種類の金属を差し入れると、足の筋肉がピクピク動くのを発見しました。解剖学の教授であった彼はカエルの解剖中に偶然にこの現象を発見し、生物の体内に電気があるからではと推測しました。しかし、この現象の解釈は誤りでした。二種類の金属電極を電解液に浸たすと、双方の間に電位差が生じて電流が流れることがボルタによって明らかにされました。ガルバーニの実験では、同様な現象によってカエルの筋肉に電流が流れて筋肉がピクピクと動いたのでした。ボルタは一八〇〇年にこの原理に基づいて、電極に銅と亜鉛、電解液に硫酸銅水溶液を用いた「ボルタの電池」（図5）を提案し、一ボルト程度の起電力が発生することを実証しました。これが今日

（a） 検電器

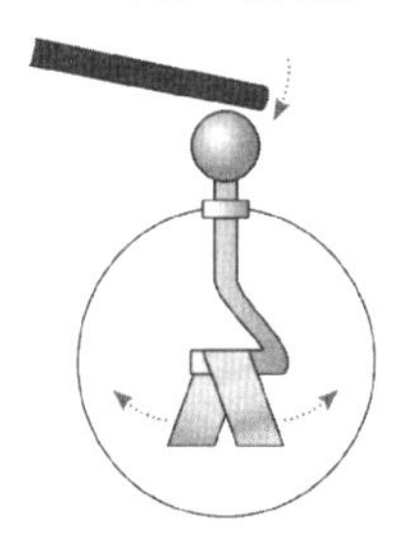
帯電棒を接近させると容器内の金属はくが開く
（b） 検電器の模式図

（c） ライデン瓶

写真 10 検電器とライデン瓶〔出典：新潟大学旭町学術資料展示館（a）（c）[14]、Wikipedia（b）[15]〕

の電池技術の原型となる発明なのです。

また、ボルタの電池の提案とほぼ並行して静電気の間に働く力の法則である「クーロンの法則」が、実験事実に基づいた経験則としてフランスの物理学者クーロンにより提案されました（一七八五年）。これは、「荷電粒子間に働く、反発しまたは引き合う力がそれぞれの電荷の積に比例し、距離の二乗に反比例する。また、同様な関係が、磁性を帯びた粒子間にも成り立つ」というものです。海を挟んだイギリスでは、キャベンディッシュが一七七三年にほぼ同様な法則を発見していたことが後世になって明らかとなりましたが、彼はそれを存命中に公表していなかったので、この法則はクーロンの功績として認められています。

このように十八世紀後半からはどんどん新たな自然法則の発見や、新技術の発明が立て続けに起こり、科学技術が発展期に入っていきました。電気と磁気に関する法則で、近代社会で最も重要な役割を果たしたのが、「電磁誘導の法則」です。

ファラデーは一八三一年に電磁誘導現象の公開実験を行いました（図6）。銅線を筒状に巻いた「巻き線コイル」の中に棒磁石を出したり入れたりすると、その際に電流が発生して流れることを

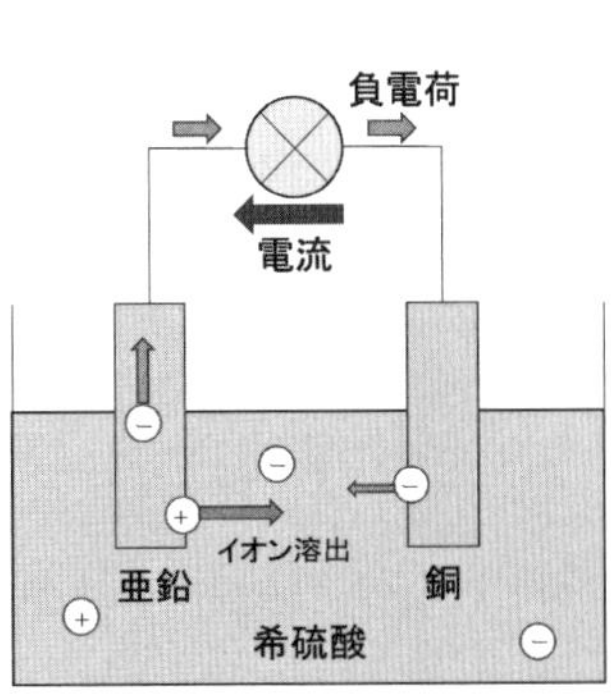

図5　ボルタの電池の仕組み

検流計で計測して多くの人の前で示したのです。
磁力と電気力との関係はまだよくわかっていなかったのですが、この実験によってたがいに緊密な関係があることが示唆されました。この電磁誘導の法則は、今日のほとんどの発電技術やモーター技術の基本原理であり、それが現代技術に果たした役割はきわめて大きいのです。

またさらに、一八六四年にマクスウェル（Maxwell）が四つの方程式からなる電磁場方程式を完成させると、この方程式から電磁波の存在が理論的に予測されました。そしてヘルツによって一八八四年に電磁波の存在が実証され、これが今日の電波による通信技術の始まりとなりました。

なお、原子力エネルギーについては、一九〇五年にアインシュタインが提案した特殊相対性理論が基本概念となっています。物質は静止していて運動エネルギーがゼロでも、質量に応じた莫大な静止エネルギーを持っているという概念です。その概念が実証されたのは第二次世界大戦で使用された原子爆弾でしたが、その後に原子力発電に平和利用されたのです。

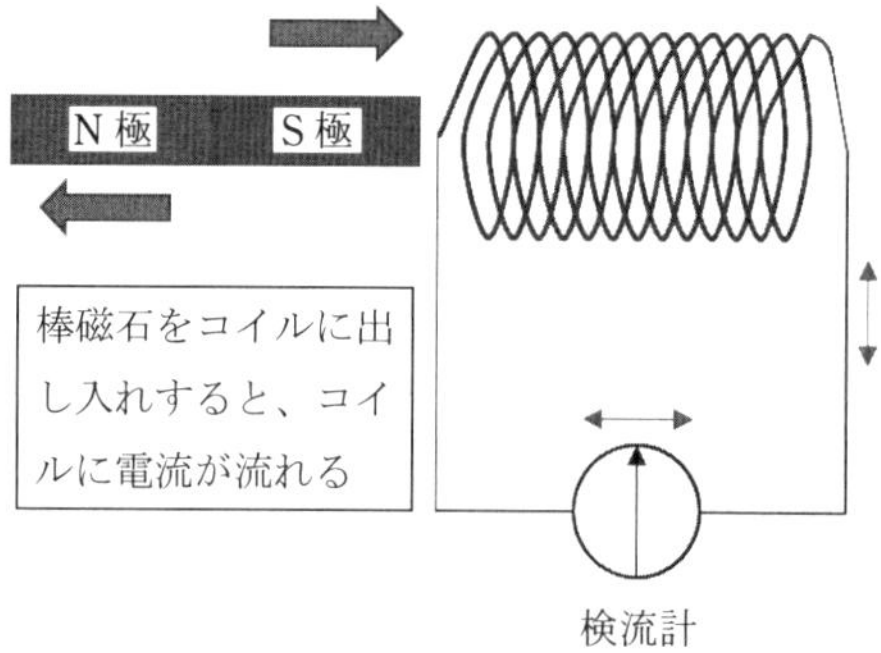

図6　電磁誘導の原理の概略図

2　エネルギーについて知ってみよう

エネルギーは、元々は仕事をする能力を意味する言葉として用いられるようになった言葉です。科学の（特に物理学や化学の）進歩とともに、エネルギーは科学的に明確に定義される量となっています（文献(1)）。

エネルギーは大きく分類すると、つぎの六種類に分けることができます。

(1)　力学的エネルギー
(2)　化学エネルギー
(3)　熱エネルギー
(4)　電磁気エネルギー
(5)　光エネルギー
(6)　原子力エネルギー

本章では、つぎにこの六つのエネルギーについて順次紹介していくことにいたしましょう。

力学的エネルギー

質量 m〔kg〕（キログラム）で、速度 v〔m/s〕（メートル/秒）の物体が持つ運動エネルギー T は、$T=(1/2)mv^2$ で表されます。エネルギーの単位はJ（ジュール）で、$1\mathrm{J}=1\,\mathrm{kg \cdot m^2/s^2}$ となります。ここでsは秒のことです。

運動エネルギー T は、速度0の状態から速度 V の状態まで物体を加速するのに必要な仕事と同じ意味になります。重力による位置エネルギー（$U=mgh$）が働く場合には、外から力を物体に加えない限り、運動エネルギーと位置エネルギーの総和は一定となります。ここで g は重力加速度の $9.8\,\mathrm{m/s^2}$ であり、h は基準面からの高さです。これを、力学的エネルギーの保存則と呼びます。この法則については、高校の物理Ⅰの教科書においても説明されています。

少し具体例を考えてみましょう。体重四〇kgの人が重さ一〇kgの自転車を押して坂道を一〇m上りました。そのときに行った仕事は、位置エネルギーの変化分だけを考えると、4 900 J（4.9 kJ（キロジュール））となります。

高さ一〇mの位置で止まってから、再び元の位置まで自転車を漕がずに坂道を下りました。摩擦によるエネルギー損失がないとすると、位置エネルギーの差が一〇〇％運動エネルギーに変化することになります。よって、この人は坂道を降り切ると秒速十四ｍ（時速約五〇km）のスピードで走行することになります（図７）。

化学エネルギー

化学反応においては、熱エネルギーの出入りがあります。物が燃えて炎が出るのは、日常よく経験することですが、これは物質の酸化反応で熱エネルギーが放出されているからです（発熱反応）。例えば都市ガスの主成分であるメタンガスが空気中で燃えると、つぎのような反応式が成り立ちます。

$$CH_4 + 2O_2 \longrightarrow CO_2 + 2H_2O + 891\ \mathrm{kJ} \qquad (1)$$

メタンガス分子（CH_4）が、酸素分子（O_2）と反応して、二酸化炭素（CO_2）と水（H_2O）になる化学反応ですが、メタンガス 24.8 L（一気圧、二五℃）あたり 891 kJ = 891 × 1 000 J の

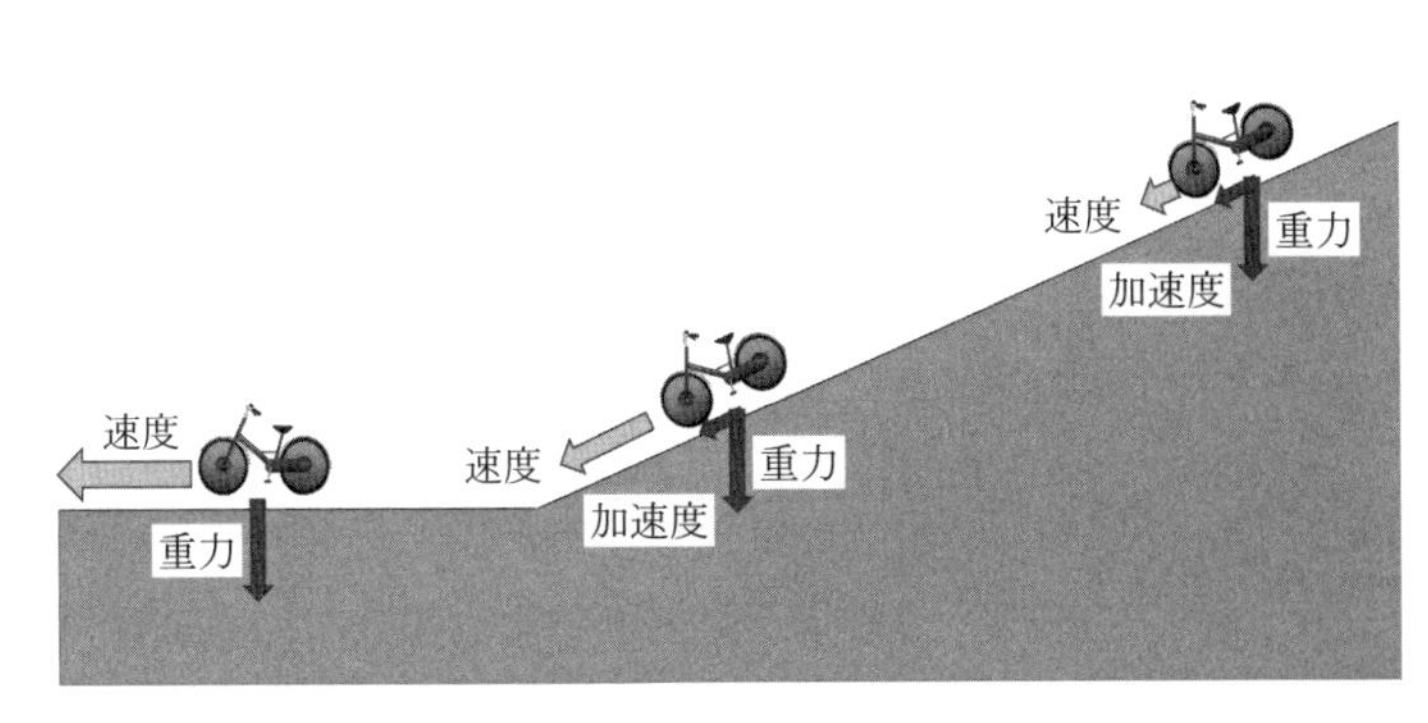

図７　坂を下る自転車の加速のメカニズム

熱エネルギーが発生することを表しているのです（なお、メタンガス24.8Lはメタン分子1mol（モル）の占める体積になります）。これは先ほどの人が坂道を下って得られるエネルギーの約一八二倍の値ですから、化学エネルギーは大きなエネルギーを生み出せることがわかります。ところで、1cal（カロリー）は約4.2Jなので、891kJは約210kcal（キロカロリー）となります。これは大きめのおにぎり一個のcal（カロリー）と同程度です（表1）。

さて、化学反応で生じる熱エネルギーはどこから来るのかといえば、分子の内部にある原子と原子の間の化学結合エネルギーが分子ごとに異なっていて、反応前後の化学結合エネルギーの差が熱エネルギーとして放出されているのです。

私たちは食べ物を摂取して、それによって歩いたり走ったりするときに使用するエネルギーを得ています。これは化学エネルギーを力学的エネルギーに変換する仕組みが人体に備わっているおかげだと言うことができます。

表1 各種燃料と食品のエネルギーの比較

物質名	kcal/g	ガソリンのエネルギーを1としたときのガソリン換算
ガソリン	11.0	1
メタンガス	13.3	1.21
石炭	6	0.55
TNT 火薬	1.0	0.09
カップ麺	4.5	0.41
オリーブ油	9.2	0.84
クッキー	5	0.45
ごはん	1.7	0.15

熱エネルギー

先ほどの化学エネルギーのところで特に断りなく「熱エネルギー」という言葉を使いましたが、ところで熱エネルギーとは何でしょうか？　日常会話でも熱という言葉はたびたび出てきます。例えば「熱い」、ということは「熱がある」ということでもあります。「熱い」というのは、「温度が高い」ということと同じ意味です。それでは温度と熱は何が違うのですか？　と聞きたくなります。熱に対する理解は、十八世紀に完成した熱力学という学問体系によって初めて明らかにされました。またそれは十九世紀には気体分子運動論の統計力学的扱いにより、さらに明確にされました。

円筒形のシリンダーの中に閉じ込めた気体を、図8のようにピストンを押したり引いたりして動かすと、内部の気体の温度が上がったり下がったりします。またシリンダーに温度変化を与えると内部の気体が膨張あるいは

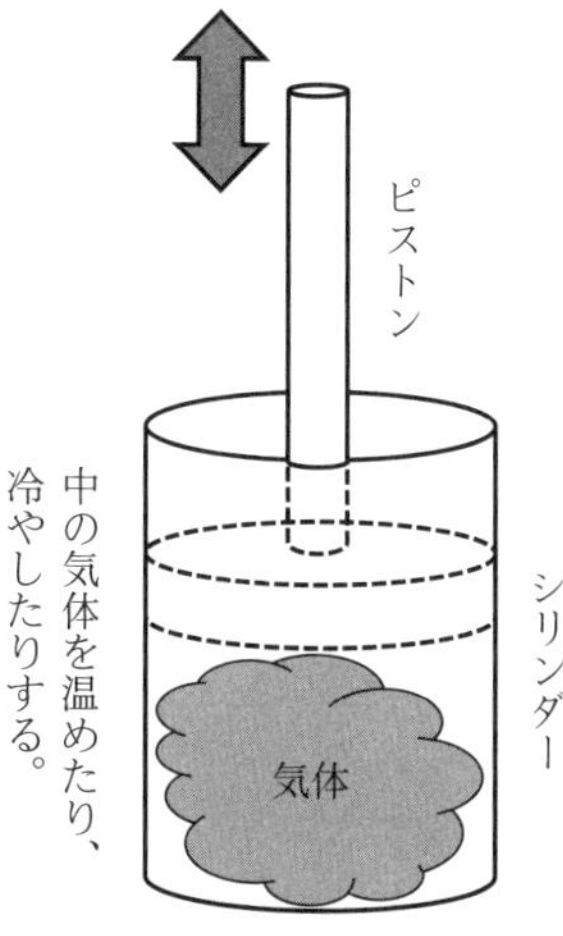

図8　円筒形シリンダーの中に閉じ込められた気体

収縮してピストンが動きます。このようなことを詳細に調べていくうちに、気体が「内部エネルギー」を持つという概念が生まれてきました。内部エネルギーをUと表すこととし、また外部からシリンダーに行われた仕事（気体の変化によるピストンの上下運動）をW、そしてシリンダー内の気体に与えられた熱をQとおくと、つぎの関係式が成り立ちます（**熱力学第一法則**）。熱力学第一法則は、力学的エネルギーと熱エネルギーの総和が保存されることを示しています。

$$\Delta U = Q + W \qquad (2)$$

ここでΔU（デルタ・ユー）は内部エネルギーの変化分です。関係式（2）は、数多くの実験結果に基づいて導かれた経験則です。また、この関係式は仕事Wと内部エネルギーUに関して、**エネルギー保存則**が成り立つことを意味しています。

また、シリンダー内部の気体の圧力をP、体積をVで表すと

$$PV = nRT \qquad (3)$$

の関係式が成立することがわかりました。これは**理想気体の状態方程式**と呼ばれる関係式で、nは気体のモル数（気体分子がどれだけあるかを示す量です）、Tは絶対温度、Rは気体定数と呼ばれる定数です。

理想気体では圧力と体積の積が一定の値となり、それが絶対温度T（単位はケルビン）に比例するというものです。この式（3）のnRTの部分は、気体の「**内部エネルギー**」を表しています。

内部エネルギーは絶対温度に比例し、また分子や原子のモル数にも比例する値を取るので、これは「**熱エネルギー**」と呼ぶこともできます。熱エネルギーは具体的には、気体分子集団のようなランダムな運動をする多数の粒子集団における、粒子の平均エネルギーと粒子数の積に対応します（図9）。

また、気体のみでなく、固体を構成する分子や原子においても、それらのランダムな振動エネルギーの平均値と粒子数の積が、熱エネルギーに対応するのです。

図9 気体の熱エネルギーと気体分子の運動エネルギー

電磁気エネルギー

電気エネルギー（電磁気エネルギー）というと、日常生活でよく出てくるのはW（ワット）という単位です。家庭で使う電力も、電力会社からの明細書を見ると一か月あたり何kW（キロワット）、という数字が書いてあります。一Wは毎秒当り一J（ジュール）のエネルギーを消費することを表す量（仕事率）で単位は〔J/s（秒）〕となります。この仕事率でわかりやすい例には、抵抗R〔Ω（オーム）〕の抵抗体に電流I〔A（アンペア）〕を流したときに消費する単位時間当りのエネルギーが挙げられます。これは、電流Iと電圧Vの積IVで表されます。また電圧Vは$V=RI$と、抵抗と電流の積となりますから、仕事率はRI^2とも表されます。これらは中学校の理科などでも学ぶ公式です。電球や電気ヒーターなどの仕事率は、この考え方で求められていて、使用した電気エネルギーは（仕事率）×（使用時間）となります。

ところで、十九世紀にマクスウェルによって確立された電磁気学という理論体系によると、電気と磁気とは親戚のような関係にあって、たがいに切っても切れない関係であることがわかりました。例えば、電気の流れである電流は磁気が作用する磁場という空間を作り出すことがアンペール（Ampere）によって示されています。このような議論の末に、電磁場という概念が生まれました。無線通信技術を支える電波は、電磁波と呼ぶのが正しくて、電場の振動と磁場の振動がたがいに絡み合って空間を光の速度（秒速約三〇万km）で伝搬していく現象です。また、光も電磁波の仲間です。電磁「波」というくらいですから、電磁波は波動現象であり、波と波との間の距離を波長といいます。波長が短いものから、ガンマ線、X線、紫外線、可視光、赤外線、電波（ミリ波、テラヘルツ波、……）、という名称がついています（図10）。なお、図10では可視光を可視放射と書いていますが、放射という言葉はradiationの訳語になります。

このような電場と磁場が作り出す電磁場のエネルギー密度 E_D は、次式で表されます。

$$E_D = 1/2\,\varepsilon E^2 + 1/2\,\mu H^2 \qquad (4)$$

ここで、E は電場の大きさ、H は磁場の大きさであり、ε は誘電率、μ は透磁率という物理量です。

電流が流れれば磁場が生じ、また磁場が変化すると電流が生じますので、町中の電線の中を流れている周波数五〇—六〇Hz交流電流も、その周辺にある程度の電磁エネルギーを式（4）で表され

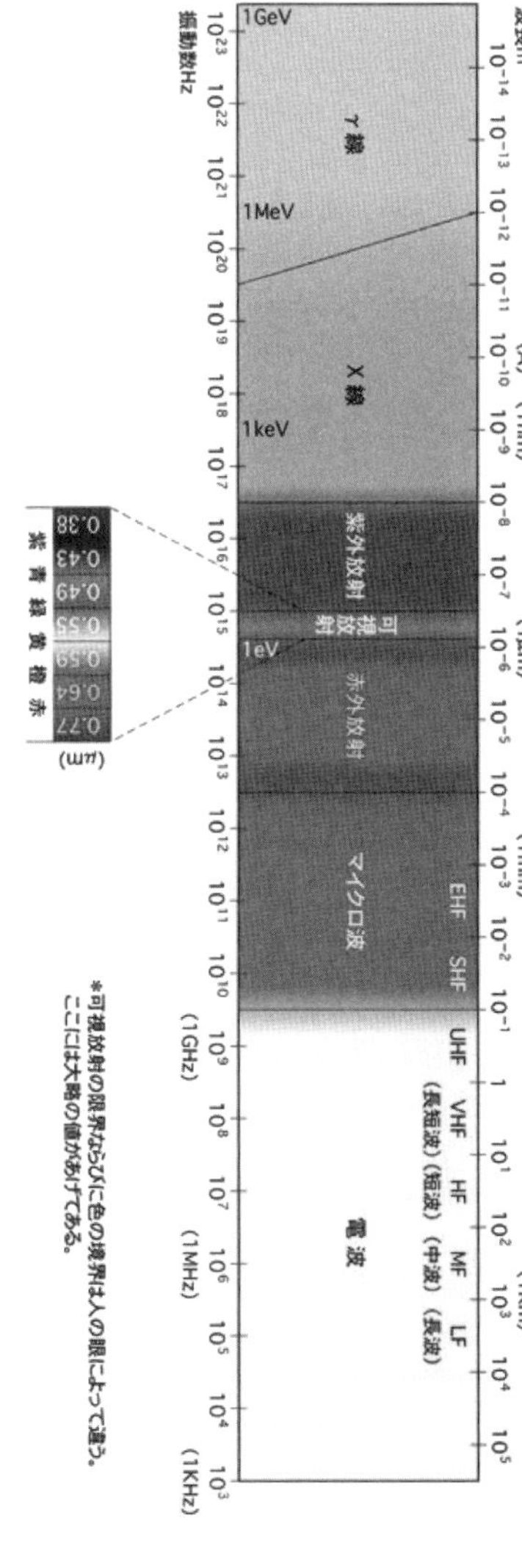

図10　電波および光（放射）の名称と波長の関係〔出典：ウシオ電機 WEB サイト[2]〕

るエネルギー密度を伴って放出していることになります。また日常生活で用いている電子レンジやＩＨヒーターなども、電磁エネルギーを食品や鍋に吸収させて加熱調理する仕組みで動作していま す。

光エネルギー

太陽光はエネルギーの源であるという感覚は、人はだれしもが持っているのではないでしょうか。先ほど光は電磁波の一種であると言いましたが、二十世紀の初めにドイツのプランク（Planck）は、振動数 ν（ニュー）の光のエネルギーは $h\nu$ という値を単位とするという量子仮説を提唱しました。h はプランク定数という普遍的な物理定数です。その後、量子力学が二十世紀半ばに確立されていく中で、光は光子（photon）という粒子から成っており、非常に多い光子の集団的振舞いは波動としての性質を持つことが示されました。つまり、非常に多数の光子の運動の統計をとると、波動としての振舞いが現われてくることが示されたということです。短波長の光であるガンマ線やX線が高いエネルギーを持っていることも、振動数が非常に大きいということを考えると納得がいきます。紫外線は可視光よりも短波長であり、振動数が大きくてエネルギーが高いので、皮膚を構成する有機分子を破壊してしまいます。夏に海水浴に行って日焼けすると数日後に皮がむけるのは、皮膚の細胞が紫外線を大量に浴びて破壊されたからにほかなりません。これがX線になると、体の内部まで細胞組織が破壊されることとなり健康に甚大な影響を及ぼしてしまいます。図10の横軸は振動数〔Hz〕と並記して$h\nu$の値をeV（エレクトロンボルト）で示しています。一eVは電子一個を一V（ボルト）の電位差で加速したときに得られる運動エネルギーに対応するエネルギー量であり、先ほど「力学的エネルギー」や「化学的エネルギー」の項で登場したジュールで表すと、1.6×10^{-19}Jとなります。

光エネルギーは、今日では太陽光発電を利用した電力供給源として見直されています。クリーンでほぼ永久に枯渇しないエネルギーである太陽光は、緯度が低くて日照時間が長い地域では効果的なエネルギー源となります。なお、太陽電池は半導体の性質を利用して光エネルギーを電気エネルギーに変換する仕組みを持った装置であり、二十世紀後半になって高性能化や低価格化がどんどん進展して、普及が拡大してきています（3章参照）。

原子力エネルギー

原子力発電は日本国内では一九七〇年代後半の石油ショック以来、原油価格変動に左右されずにエネルギーを安定供給する手段として、国策として普及させてきた技術であり、二〇一〇年には国内電気エネルギー供給の約三〇%を担っていました。しかし、二〇一一年三月の東日本大震災以後は、福島第一原子力発電所の放射能漏れ事故の影響でそのほとんどは停止しており、今後の再稼働については賛否両論です。

ここではまず、原子力エネルギーとは何かを基本から考えることにします。原子力エネルギーには核分裂反応と核融合反応とがありますが、どちらもエネルギーの源には質量の消失から生まれる大量の光エネルギーが挙げられます。二十世紀初めにアインシュタインが提唱した特殊相対性理論では、物体が持つ質量 m によって mc^2 というエネルギーがもたらされることが示されました。ここで c は光速度です。光速度は秒速約三〇万kmですから、質量が小さくてもすごく大きなエネルギーとなります。ウランなどの放射性物質が自然崩壊して別元素になるときに、ガンマ線（短波長の光）やアルファ線（高エネルギーのヘリウムイオン）などの高エネルギー粒子（放射線）を発生することは、十九世紀末より徐々に明らかとなっていましたが、そのような高エネルギー粒子が放出されると、放出の後には原子核が持つ質量の一部が減っているのです。例えば一グラムの質量を持つ物体の原子核エネルギーは、その質量全部が光エネルギーに転換すると考えると、石油二一〇〇トンが燃焼した場合のエネルギーに相当します。これはたいへんなエネルギー量であると言えます。

第二次世界大戦において、原子爆弾が米国により開発されて広島・長崎に世界で初めて原子爆弾が落とされたことは，人類史上に悲惨な負の遺産として残る史実となりました。戦後アインシュタインは自分の理論が戦争に利用されたことをたいへん悔やみ，晩年は平和運動に身を捧げました。原子爆弾は核分裂反応を利用したものであり，高濃度に濃縮した核燃料を，火薬の爆発による高温・高圧を利用して瞬時に核分裂反応の連鎖を起こさせたものです。大量の放射能を浴びた多くの人々が，被爆後に何か月も何年もたった後に白血病などの症状で亡くなったり，後遺症で苦しめられたりしてきました。

原子力発電は，このような核分裂反応を人為的に制御して，ゆっくりと核燃料を燃やして，その熱エネルギーをもとに発電を行うものです。核分裂反応で失われた質量は光エネルギーに転換して，さらにそれが熱エネルギーに転換されて高温・高圧の水蒸気が作られ，これを用いて発電機を動かすのです。つまり，原子力発電では，質量エネルギーから始まって，光エネルギー，熱エネルギー，運動エネルギー，電気エネルギーへと，四段階のエネルギー転換を経たうえで，電気エネルギーを生み出しているのです。ただし，核分裂反応では核分裂の連鎖反応が起きるために放射線が長期間にわたって発生するので，使用済み核燃料の廃棄に厳重な処置を行う必要があります。

一方，核分裂反応とはうってかわって，核融合反応は，四つの水素原子核同士が融合してヘリウム原子が形成される反応過程などがその一例ですが，その際に失われる質量が強力な光エネルギーとなるのです。太陽が放射する強大な光エネルギーの源も核融合反応です。太陽では非常に大きな重力によって高密度の水素原子やプラズマ（電離気体）が閉じ込められて、核融合反応が起きています。人間の力で核融合反応を実現するには、超高温で高密度プラズマを実験装置内で実現せねばならず、先進諸国で研究されていますが、まだ実用化までには相当な時間がかかると考えられています。

エネルギー保存則

以上、六種類のエネルギーについて説明してきました。科学技術の発展に伴ってエネルギーに対する理解も進んできましたが、その過程で確立してきた重要な概念として「エネルギー保存」が挙げられます。

ある物質系を考えたときに、さまざまなエネルギーの総和は不変であり、保存するという考え方です。このような考え方は、まだ原子力エネルギーが発見されていなかった十九世紀中ごろに熱力学第一法則として導かれていました。熱力学は蒸気機関の研究とともに発展した学問体系です。円筒形のシリンダー内に閉じ込められた気体に関して、外部との熱エネルギーや力学的仕事のやり取りを実験的に精密に調べた結果として、ある物体（気体）に外部より熱量Qと仕事Wを与えた場合に、物体の内部エネルギーUは（$Q+W$）だけ増加することがわかりました。内部エネルギーは物体の持つ質量に比例した量であり、実質的にはその物質が持つ熱エネルギーに相当するものです。熱エネルギーの節で述べたとおり、熱力学第一法則は、力学的エネルギーと熱エネルギーの総和が保存されることを示しています。

その後、電磁気エネルギー、質量が持つ核エネルギー、などの存在が明らかとなってくるとともに、「ある閉じたシステムを考えた場合には、そのシステム内の各種エネルギーの総和は不変である」という仮説を物理学の根本原理に捉えることが最も適切であると、多くの科学者が考えるに至りました。現代の物理学や化学の体系では、エネルギー保存は理論的枠組みの根幹をなす原理として位置づけられています。

エネルギー資源の分類

前節までに述べてきた六種類のエネルギーはエネルギーの形態の違いと見なすことができます。一方で、エネルギーを産み出す資源物質を指してエネルギーと呼ぶ場合が多くあります（文献(3)）。エネルギー資源には大別して一次エネルギーと二次エネルギーがあります。

一次エネルギーとは、エネルギーを生み出すもととなる資源を意味します。原油、石炭、天然ガス、シェールガス、メタンハイドレードなどの化石燃料や核燃料の原料となるウラン鉱石などの地下に存在する天然資源があります。また、水力、地熱、太陽光、風力、波力なども一次エネルギーに含まれます。

また、二次エネルギーとは一次エネルギーをエネルギー変換や加工によって使用しやすくした形のエネルギーを指します。具体的には、ガソリン、灯油、重油、都市ガス、石炭から得られるコークス、プロパンガス、発電所で得られる電力、水素ガスなどが含まれます。

エネルギー量を石油換算で何キロリットル、などといった数値で示す場合があります。石油一kL（キロリットル）が燃焼した際に得られる熱エネルギーは9.25×10^{6} kcalとなります。また一t（トン）に直すと、1.0×10^{7} kcalとなります。これをJ（ジュール）に直すと、それぞれ3.9×10^{4} MJ（メガジュール）、そして4.2×10^{4} MJ（メガジュール）となります。これらの数字を知っておくと、エネルギーに関するさまざまなマスコミ情報を理解する上で結構役に立ちます。参考のために、各種エネルギーの変換表を表2に示します。また、本章で示したエネルギー量のいくつかの例についての相対的な大小関係を表3にまとめました。

表2　各種エネルギーの変換表〔参考：IEA, key World Energy STATISTICS〕

	TJ	GCa	Mtoe	GWh
TJ（テラジュール，10^{12} J）	1	2.4×10^{2}	2.4×10^{-5}	0.28
Gcal（ギガカロリー，10^{9} J）	4.2×10^{-3}	1	1.0×10^{-7}	1.16×10^{-3}
Mtoe（1メガ石油換算トン）メガは10^{6}	4.2×10^{4}	1.0×10^{7}	1	1.16×10^{4}
GWh（ギガワット時，10^{9} Wh）	3.6	8.6×10^{2}	8.6×10^{-5}	1

表3 本章で示した典型的エネルギー量の相対比較表

	1 kL の石油を燃焼させたときの熱エネルギー 3.9×10^{4} MJ	体重 40 kg の人が質量 10 kg の自転車で 10 m の高さから 0 m まで降りてきたときの運動エネルギー 4 900 J	1 g の質量に相当する原子力エネルギー 9×10^{13} J
何 kL の石油を燃焼したときの熱エネルギーに相当するか		1.26×10^{-7} kL	2.31×10^{3} kL
体重 40 kg の人が質量 10 kg の自転車で何 m の高さから 0 m まで降りてきたときの運動エネルギーに相当するか	7.9×10^{6} m		1.83×10^{10} m
何 g の質量に相当するエネルギーか	0.43 mg	5.4×10^{-11} g	

例えば、一 kLの石油を燃焼させたときの熱エネルギーを質量のエネルギーに換算すると、わずか 0.43 mg となります。また、一 gの質量のエネルギーに相当する原子力エネルギーを石油に換算すると 2.31×10^3 kL となり、大量の石油量に相当することがわかります。原子力エネルギーの説明でも触れましたが、原子力エネルギーが持つエネルギー量がきわめて大きなものであることがこの表からわかります。

3　電気エネルギーはどこから来るか

電気エネルギーをつくりだすには　――電磁誘導の原理を用いた発電システム

私たちが最も身近に使用しているエネルギーは電気です。家庭やオフィスでは、照明、エアコン、エレベーター、さまざまな家電製品など、多くの便利なものが電気で動きます。本章ではまず電気エネルギーがどのように作られているかについて考えていきましょう。

ほとんどの電気エネルギーは発電所から送電線によって運ばれてきます。発電所には、火力、水力、風力、原子力発電所などがあります。これらの発電所は一次エネルギーの種類は違いますが、じつは発電の原理はすべて共通なのです（図11）。つまり、ファラデーが発見した電磁誘導（18ページ図6参照）の法則に基づいて、力学的な回転エネルギーを電気エネルギーに変換しているのです。ファラデーは一八三二年に電磁誘導の原理を発見して公表しました。金属の巻き線コイルの中に棒磁石を挿入、あるいは取り出すとコイルに電流が流れることを見出したのです。巻き線コイルの中に存在する磁束（磁力線の束）の量が変化すると、その変化を打ち消す方向に電流が流れるというものです。この原理を応用した交流発電機（図12）は、その二年後の一八三四年に発明されました。

永久磁石で挟まれた空間において、巻き線コイルを強制的に回転すると、コイルを貫く磁束が回転角に応じて変化するので、交流電流（交流電圧）が発生するのです。

この交流発電機は人類に多大な貢献をもたらしました。水力発電では、水車のような羽根車に落下してくる水流を当てて回転動力を得ます。また風力発電も同様で、自然に起きる風力を利用して巨大な風車に回転力を与えて発電します。また、火力発電と原子力発電では、高圧高温水蒸気流を蒸気タービンに当てて、タービンの軸に回転力を与えて、発電機を動かしているのです。いず

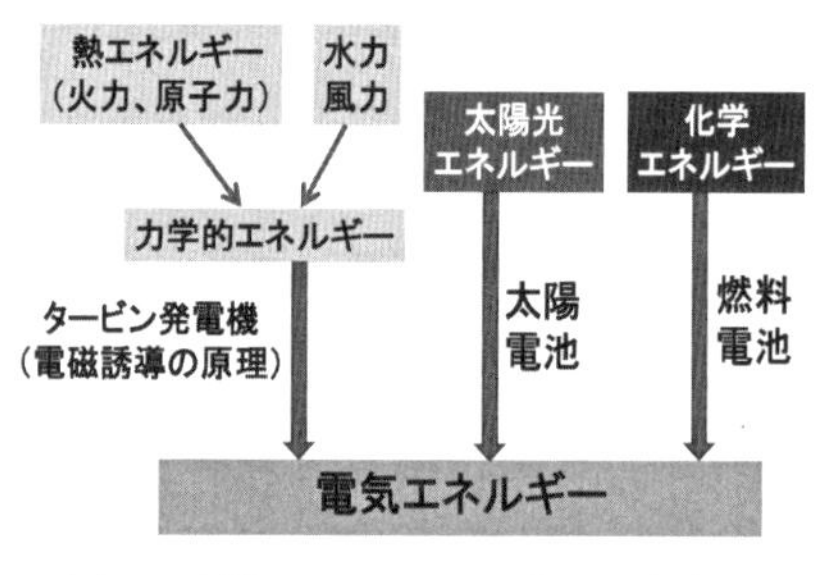

図 11　電気エネルギーを作り出す方法

れも、運動エネルギーを電気エネルギーに変換する仕組みとなっているのが、これらの共通点です。これらの電磁誘導の原理を利用した発電システムは、世界の総発電量の九割を超えるほどに普及しています。二十一世紀に入って太陽電池や燃料電池が実用化して使用量が急速に伸びていますが、それでも発電総量から比べるとまだ数%のレベルでしかありません。

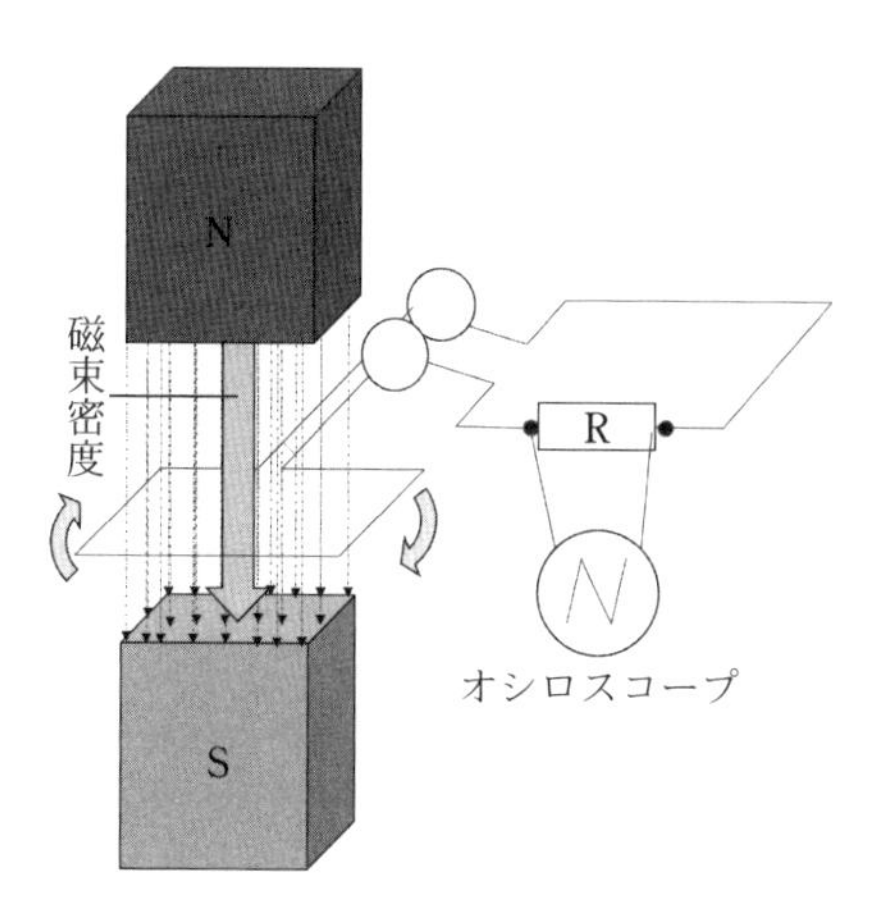

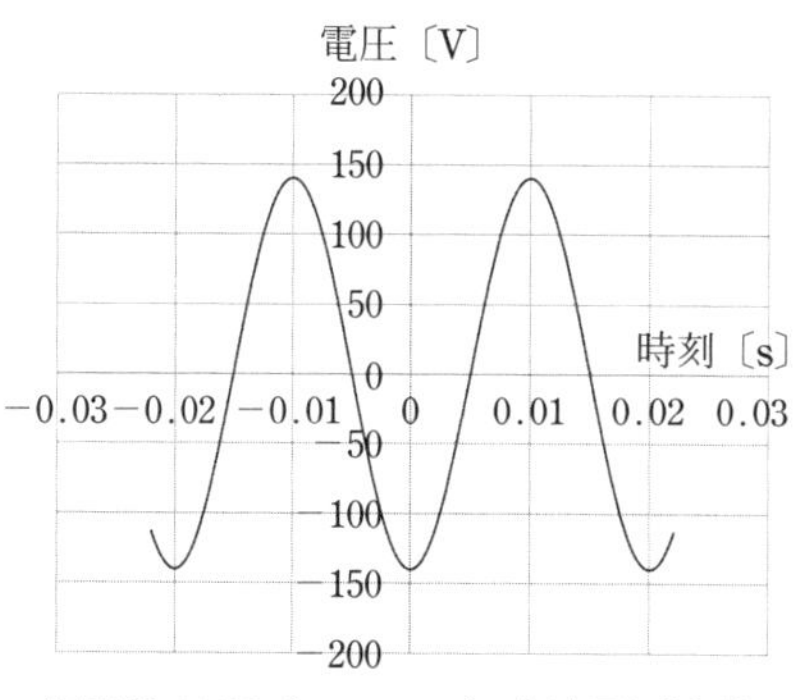

家庭用 100V（50 ヘルツ）交流電圧波形

図 12　交流発電機の仕組み

タービン発電機

さて、タービンとは図13(a)に示すように太くて長い回転の中心軸に、多数の羽車を設けた構造です。この羽に、高温の蒸気を吹き付けて高速回転を起こします。発電機図13(b)では強力な永久磁石が回転軸に固定され、また回転子の周囲に巻き線コイルが配置されていて、回転エネルギーが効率よく電気エネルギーに変換されるような構造となっています。ガスタービンと蒸気タービンを併用したハイブリッドタービン発電機なども開発されており、効率の向上が検討されています（図13(c)）。

火力発電所と原子力発電所の仕組みの概略を図14に示します。火力発電所では石油、石炭、天然ガスなどの化石燃料を燃やして、ボイラー中の水を加熱して高圧水蒸気を発生させます。その高圧水蒸気によって発電機のタービン（羽根車）を高速回転させ、電気エネルギーを発生させるのです。水蒸気の配管は閉回路になっていて、海水を導入したタンクの中を通って水蒸気が冷却されて水になり、再びボイラー中へと導入されます。このような水蒸気の循環システムは、原子力発電所でもまったく同様です。原子力発電所では、ウランの核分裂反応によって生じた莫大な光エネルギーが核燃料棒の周囲の水に吸収されて熱エネルギーに転換してやはり高圧水蒸気を発生させるのです。ボイラーの役目を果たしているのは原子炉で、その内部には核燃料棒と水が存在しているのです。蒸気タービンによる発電機構は原子力発電も火力発電も共通なのです。

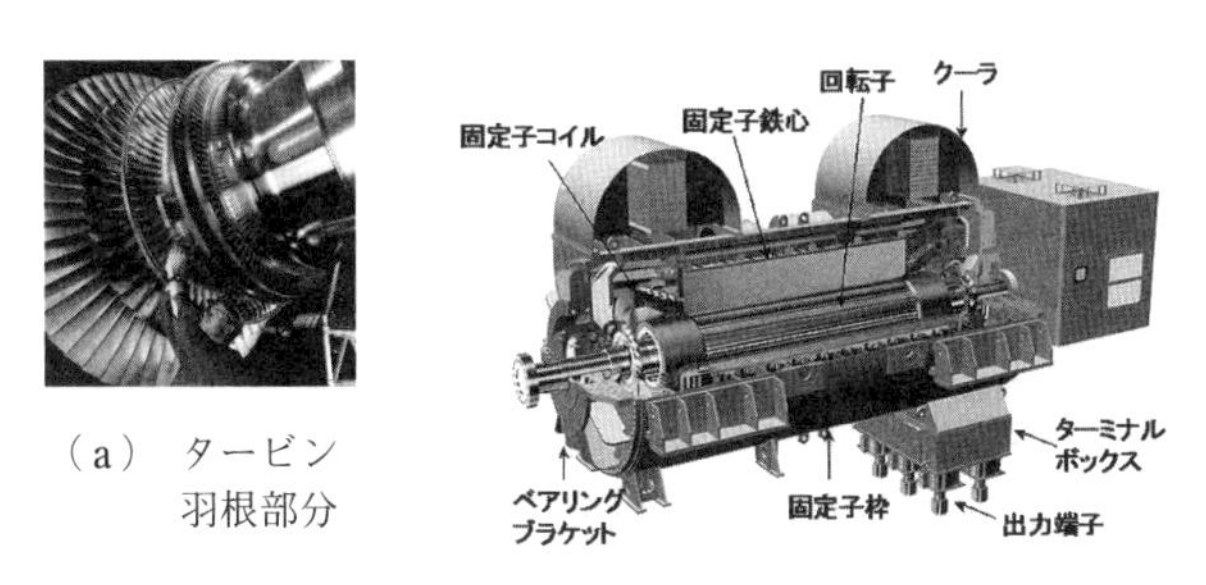

（a）　タービン
　　　羽根部分

（b）　発電機構造

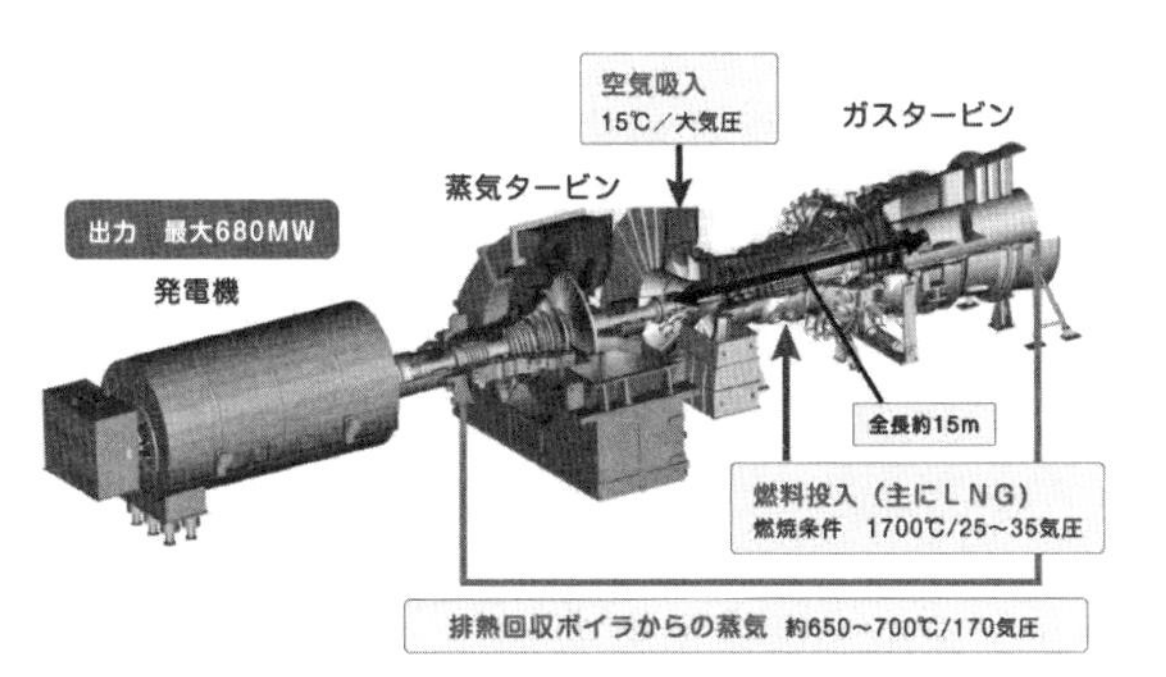

（c）　ハイブリッドタービン発電機全体構造

図13　タービン発電機の概要図（出典：（a）Wikipedia[(1)]（b）東芝電力システム社 WEB サイト[(2)]、（c）NEDO WEB サイト[(3)]）

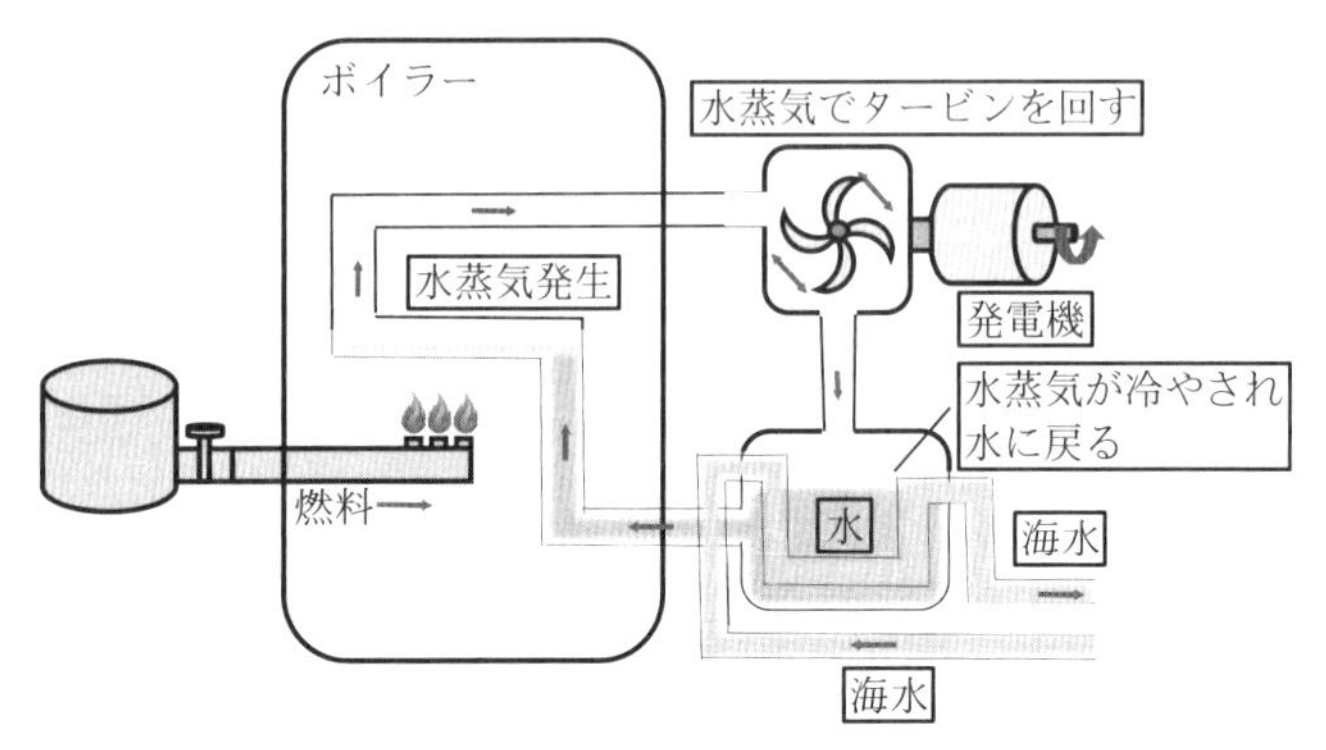

（a） 火力発電所の仕組み

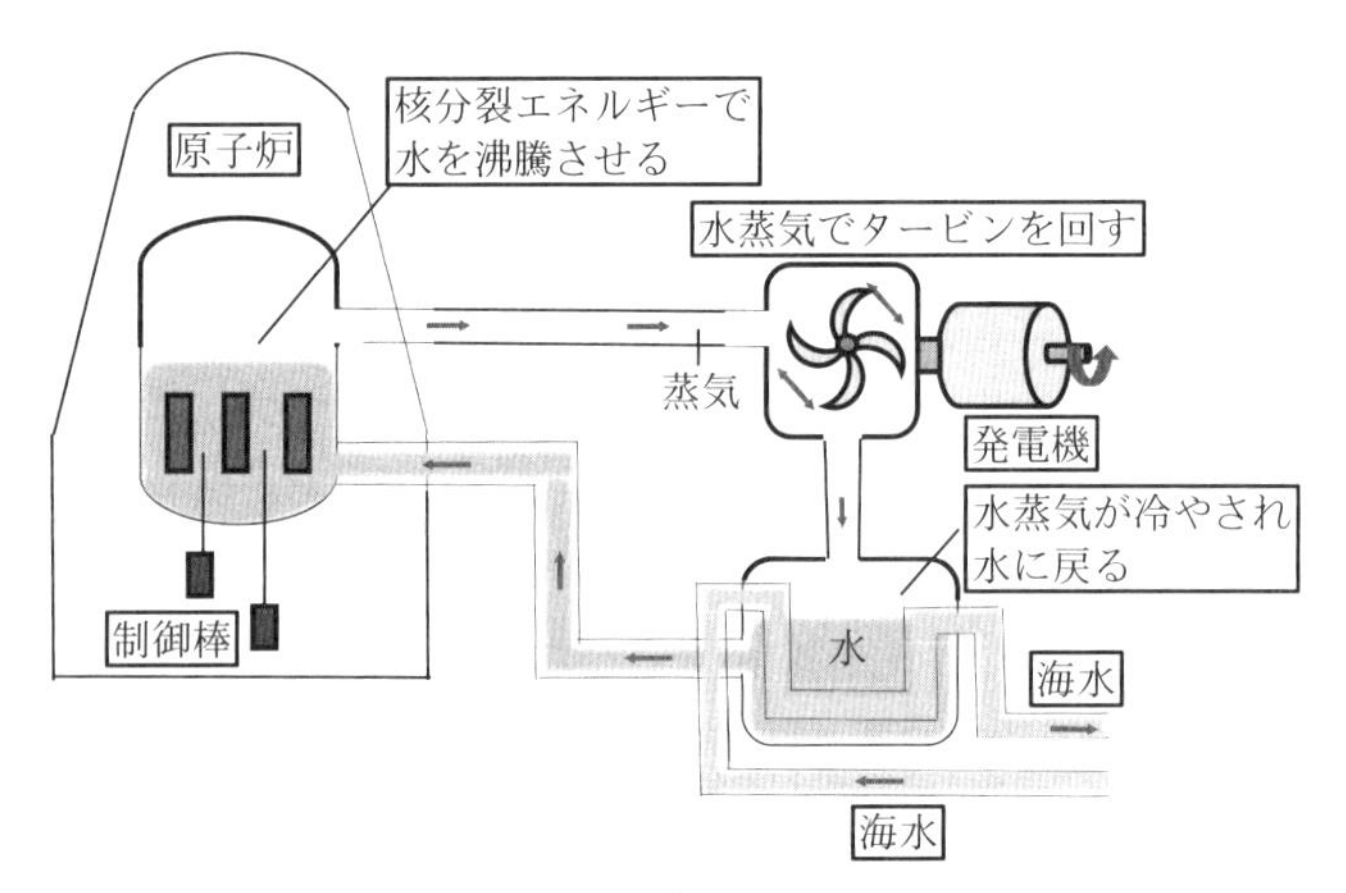

（b） 原子力発電所の仕組み

図 14 火力発電所と原子力発電所の仕組み

水力発電

水力発電はダムに貯めた水を用いて、数十メートル以上の落差で水流を加速した上で、水流が持つ運動エネルギーを利用して水車を回転して、発電機に動力を与えるものです。水車には落差に応じていくつかのタイプがありますが、よく使用されているものにフランシス水車があります（写真11）。重力で加速された水流が案内羽（ガイドベーン）を通り抜けて羽根車に注ぎ込み、そこで羽

（a）フランシス水車の外観

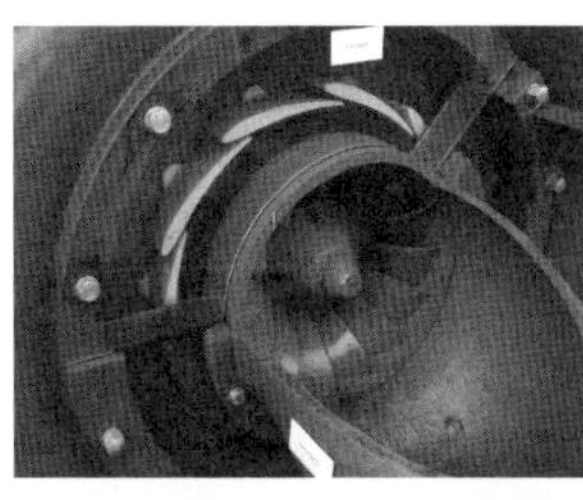

（b）ガイドベーンが閉じている場合（上）と開いている場合（下）

写真11　フランシス水車
〔出典：Wikipedia[4]〕

根車に回転力を与えて下方に流れ出る仕組みを持っています。水車一基で直径五－一〇m程度とかなり大型であり、水力発電プラント（写真12）ではこのような水車が一〇－二〇基程度の多数個配置される巨大なものとなっています。

© TOSHIBA CORPORATION 2016

写真12　水力発電プラント概観〔出典：東芝電力システム社WEBサイト[2]〕

風力発電

風力発電も電磁誘導の原理に基づいた発電機を使用しています。最近は巨大な三枚翼を備えた風力発電塔が、都市部から離れた丘や海辺に数多く設置されるようになってきました。風車の直径は、大きいものでは一〇〇mを越えるようなものもあります（写真13）。自然の風によって得られた風車の回転エネルギーをギアを介して発電機（**generator**）に伝えて、電気エネルギーを発生します（図15）。

写真13　風力発電塔〔出典：Wikipedia[5]〕

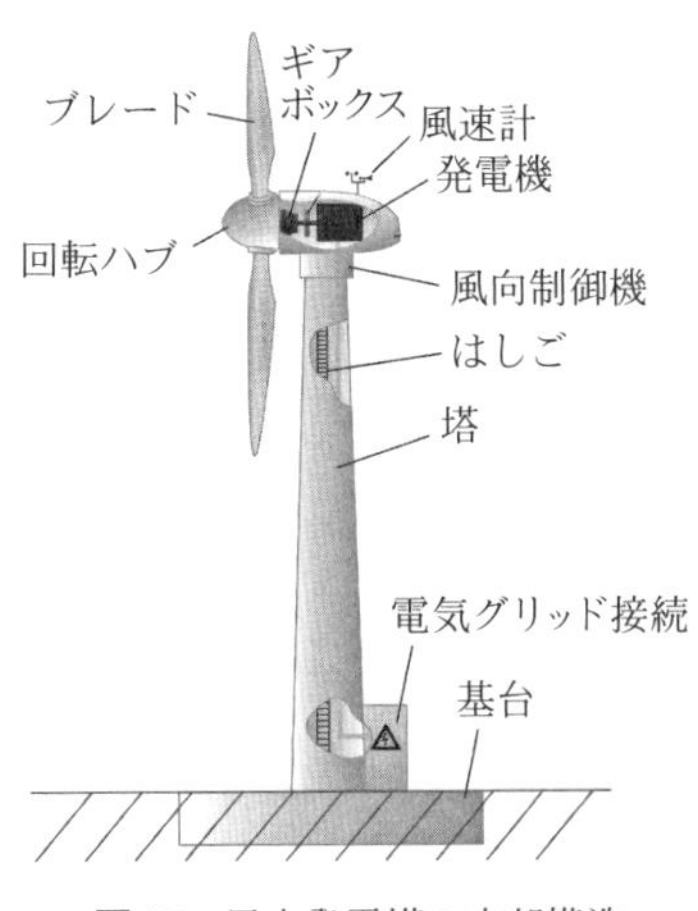

図15　風力発電塔の内部構造〔出典：Wikipedia[6]〕

風力発電は近年急速に成長している分野です。図16に世界の風力発電総容量の年次推移を示します。二十一世紀に入ってから急速な伸びを示していて、二〇一四年では一九九九年の発電総容量の約二七倍となっています。風力発電を早期に導入した地域はヨーロッパ諸国で、特に北海沿岸に沿った国々です。これは北海沿岸地域で強い風が発生しやすく、そして比較的遠浅の海が多くあって、海洋部にも風車が設置可能だったからです。その後、国土の広い米国の内陸部で大きな風力プラントが建設され、さらに最近数年間で中国の風力発電設置容量が急速に伸びて世界のトップになっています（表4）。

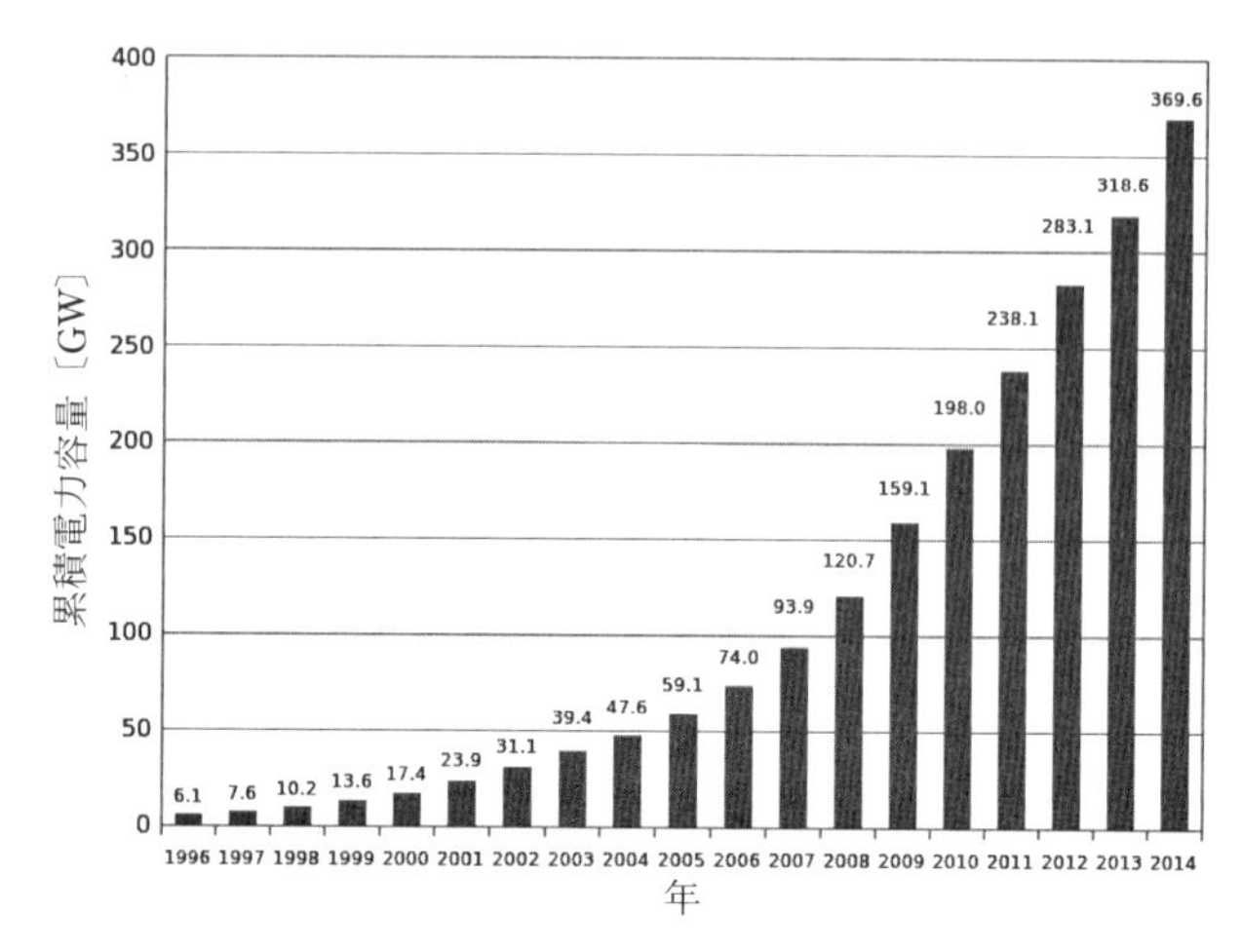

図 16　世界の風力発電総容量の年次推移〔出典：GWEC[7]〕

このような世界の動向の中で、日本の風力発電量が占める割合はまだまだ低いレベルにあります。日本では太陽電池開発に政府が力を入れてきたという経緯と、地震国なので巨大な風車が地震で破壊されたときの問題を避けようとしてきたという点がその理由に挙げられるでしょう。

表 4　風力発電世界累計設置容量（2013 年）〔出典：GWEC[7]〕

順　位	国　名	容量〔GW〕
1	中　国	91.4
2	米　国	61.1
3	ドイツ	34.3
4	スペイン	23.0
5	インド	20.2
6	英　国	10.5
7	イタリア	8.6
8	フランス	8.3
9	カナダ	7.8
10	デンマーク	4.8
－	その他	48.3
	世界全体	381.1

なお、上記以外の電気エネルギーの発生法として、太陽電池および燃料電池などがあります（文献(8)(9)）。これらについては、次節以降でもう少し詳しく解説しましょう。

太陽電池

太陽光エネルギー

太陽は自らが核融合によって作り出した強大な光エネルギーを、地球につねに送り込んでくれています。太陽の光エネルギーの一部を発電に用いることができれば、人類が必要とする電気エネルギーの相当な部分を賄える可能性があります。図17に太陽の内部構造の概略図を示します。太陽の表面温度は約六〇〇〇℃と推測され、その表面から等方的に光を放射しています。

地球に降り注ぐ太陽エネルギーは、一年間で約5.5×10^{24} Jと見積もられています。赤道位置で一平方メートルの面積で受け取るエネルギーに換算すると、

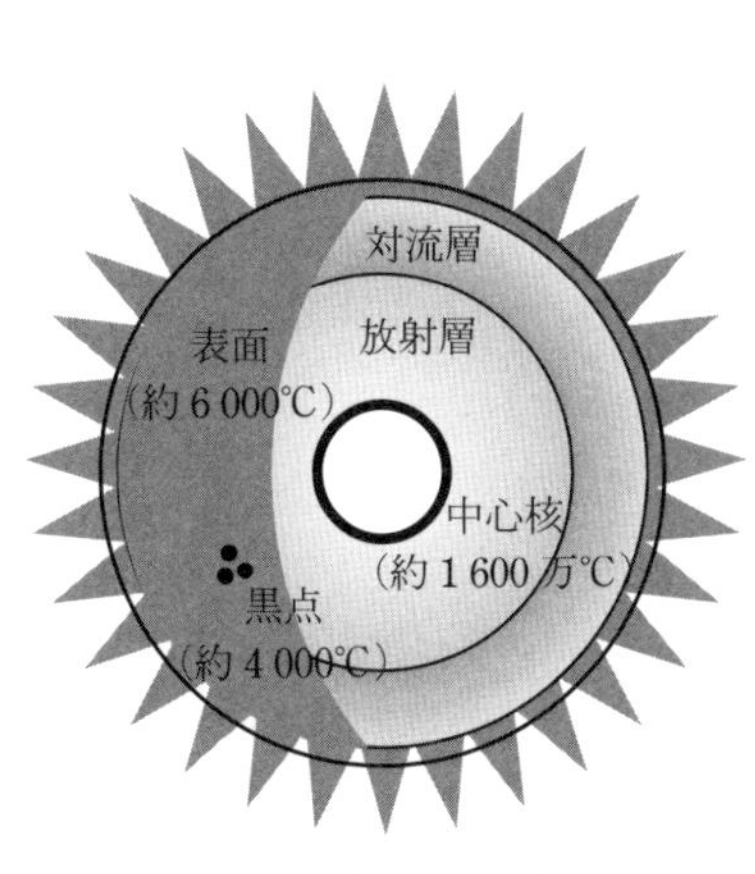

図17　太陽の内部構造

1.6 kWとなります。二〇一二年の世界の全エネルギー消費量は6.3×10^{20} Jですから、その一万倍近い量の太陽エネルギーを地球が受け取っていることになります。実際には、一日の時間帯や緯度によって地表の日射量は変化しますし、地表面や海面、雲などによる反射などもあり、その一部は地表に届かずに宇宙に戻っていく部分もありますが、想像以上に大きなエネルギーを太陽が与えてくれていることに気が付きます。

植物の葉緑体によって行われている光合成は、太陽光エネルギーを化学エネルギーに変換するとともに、大気中の二酸化炭素（CO_2）を酸素（O_2）に変換する働きもあります。石炭や石油などの化石燃料は数百万年、数千万年といった非常に長い期間にわたっての植物や動物の遺骸が持つ炭素化合物が原料であるわけですが、その炭素化合物は広い意味では光合成から作られていたと言えます。

太陽光の地球大気圏外でのスペクトル、および地表でのスペクトルを図18に示します。図中では放射と書いてありますが、放射は光とまったく同じ意味の言葉で、radiationという英語の訳語です。物質はじつはその温度に応じて光を外部に放射する性質を持っています。一〇〇〇℃近くの高温になった鉄が赤く光る現象はよく知られていますが、それが典型例の一つです。このような、ある温度の物体表面から放射される光のことを黒体放射と呼びます。黒体放射にはさまざまな波長の光が含まれていて、そのスペクトル（光強度の波長依存性のグラフのこと）はプランクの理論式で表されます。例えば絶対温度六〇〇〇度（K）の黒体放射スペクトルは、波長〇・四µm付近にピークを持ち、その位置から長波長側に長く尾を引いています。大気外の太陽光スペクトルはこの黒体放射スペクトルとほぼ一致しています。このことから、太陽の表面温度は約五八〇〇℃と推定されています。水、酸素、二酸化炭素などの分子は特定の波長の光を吸収する性質があるので、実際に地表に届く太陽光のスペクトルは大気外スペクトル曲線からは、いくつかの波長帯域で小さくなっています。

太陽電池の仕組みと種類

さて、最近では太陽電池の普及が徐々に拡大しており、家の屋根の一部分に太陽電池パネルを設置した住宅もめずらしくなくなってきました（写真14）。それでは太陽電池はどのような仕組みで動いているのでしょうか？　太陽電池は半導体ｐｎ接合が持つ不思議な性質を利用したもので二十世紀後半

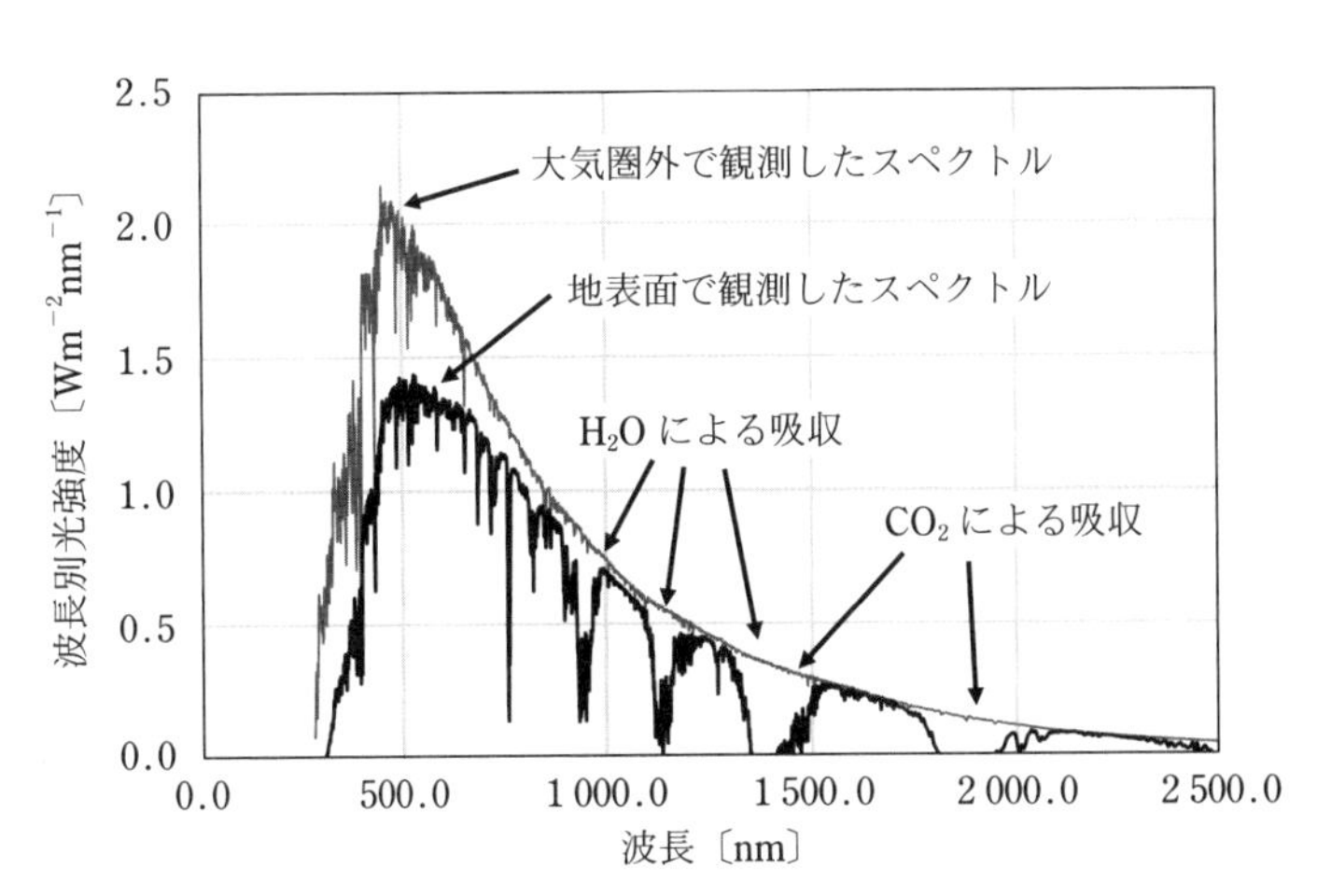

図 18　太陽光スペクトル（波長別強度分布）〔出典：NREL WEB サイト[10]〕

に発明されました。半導体は電気が流れる際に、電子だけではなくて正孔も流れる性質があります。正孔は、じつは半導体結晶中の電子が抜けた孔に相当する粒子で、正の電荷をもっています。p型半導体はおもに正孔が電荷担体となっている半導体で、n型半導体はおもに電子が電荷担体となっている半導体です。半導体に適切な不純物原子を導入すると、p型、あるいはn型に自在に性質を変えることができます。

pn接合とは、まさにその名前のとおり、p型半導体とn型半導体が面接触してつながった構造となったものです（図19）。半導体pn接合は太陽電池に、そしてLEDにと世の中で広く活躍しています。

代表的な半導体には、シリコン（Si）、ゲルマニウム（Ge）、ガリウムひ素（GaAs）、窒化ガリウム（GaN）などがあります。太陽電池に最も広く使用されているのはシリコンです。半導体の特徴はエネルギーバンドギャップ（E_g）という半導体内部の電子エネルギー分布に不連続な飛び（ギャップ）がある点にあります。バンドギャップ E_g 以上のエネルギーを持つ光が半導体pn接合付近に照射すると、半導体に光が吸収されて電子と正孔のペアが生成され、電流が発生します。こ

写真14　太陽電池を屋根につけた住宅
〔写真提供：京セラ株式会社〕

れが光起電力を生み出すので、電力を取り出すことができるのです。

シリコン、GaAs、GaNのバンドギャップはそれぞれ1.12 eV、1.42 eV、3.4 eV、またバンドギャップエネルギーに対応する光の波長は1.1 µm、0.87 µm、0.36 µmとなります。光のエネルギーをEとすると、波長λ（ラムダ）は、$\lambda = hc/E$という式で与えられます。hはプランク定数、cは光速度です。2章に記しましたが、光のエネルギーEは$h\nu$、振動数νと波長λを掛け合わせると光速度cになりますので、これらの関係から導いています。（$h = 6.6 \times 10^{-34}$ J•sec，$c = 3.0 \times 10^{10}$ m/sec）

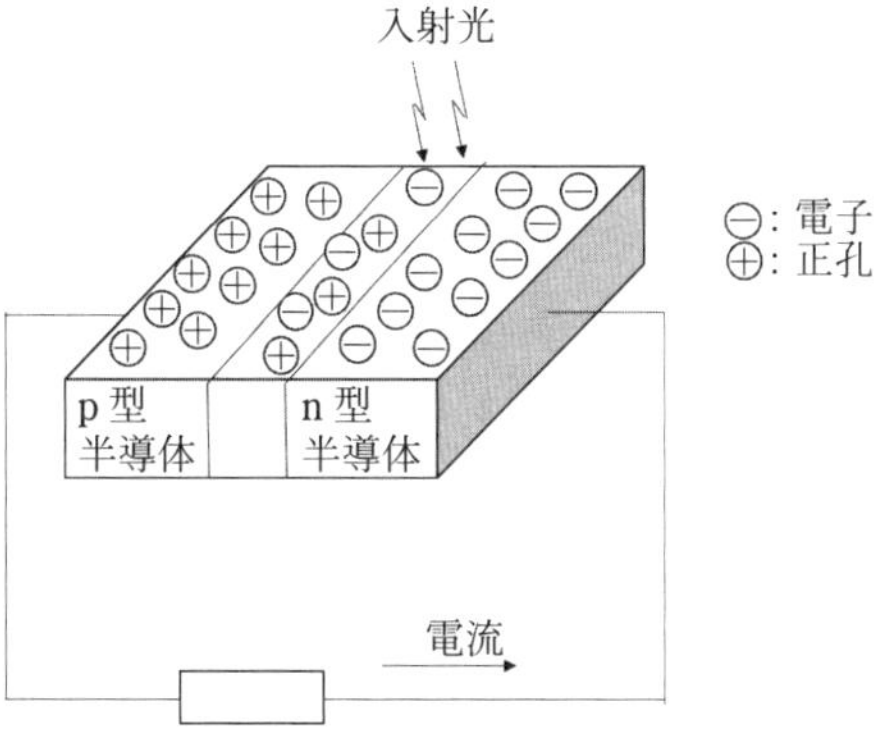

図32の太陽光スペクトルを見るとバンドギャップエネルギーに相当する〇・三―一・一µmあたりの波長領域では太陽光は十分に強い強度がありますので、太陽電池がよく稼働するということがわかります。

現在最も広く普及している太陽電池材料は多結晶シリコンです（文献⑾）。シリコンは半導体集

図19　半導体pn接合における光電流発生モデル

積回路技術（ＬＳＩ）の基板に用いる材料として、一九七〇年代以降高純度化技術が著しく進展しました。ただし、単結晶型 Si は性能は良いのですが材料コストが高いため、コストの安い多結晶シリコンを用いた太陽電池が普及しています。光から電気への光電変換効率の年次推移を図20に示します。結晶 Si 太陽電池の光電変換効率は一九八〇年代から開発が進むとともに変換効率も少しずつ向上してきており、一七％程度だったのが今日では二三％を越えるところまで来ています。ただし、今後も多少の改善が見込まれるものの三〇％を越えるのは困難と考えられています。これに対して、最も変換効率が高いのは III-V 多接合型太陽電池です。最近では変換効率が四〇％を越えるものも開発されたとの報告が出ています。GaAs（ガリウムひ素）、GaP（ガリウムリン）、などがその代表的材料になりますが、効率は高いものの単位面積当りの製造コストが高いという別の問題があります。

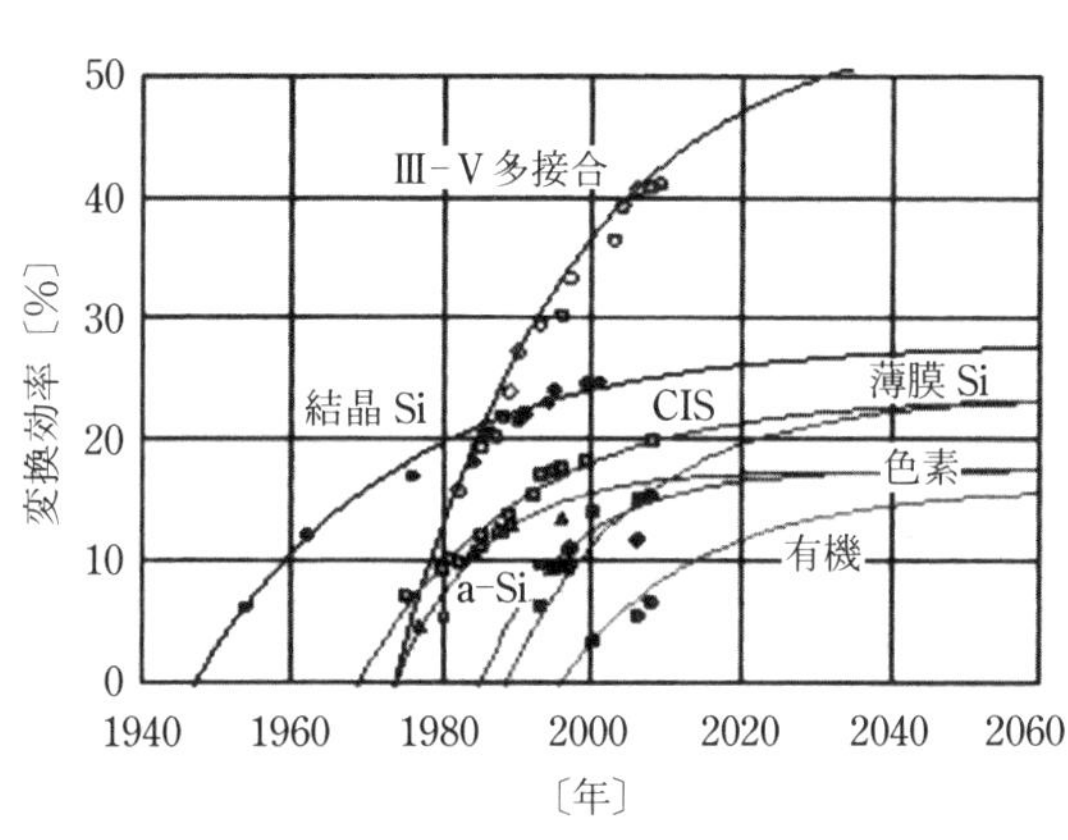

図 20　さまざまな太陽電池の光電変換効率の年次推移
〔出典：山口真史ほか、太陽電池の基礎と応用[12]〕

シリコン系太陽電池では光エネルギーの一部が電気エネルギー以外の熱振動エネルギーに変わるために効率があまり高くならないという問題があります。一方、III-V型太陽電池材料では、熱振動エネルギーに変わる部分がほとんどないので変換効率が高くなるのです。しかし、大面積の太陽電池をIII-V型で作成するのはきわめて困難です。これは超高真空装置を用いて高品質の結晶薄膜を形成しないと良質なIII-V型太陽電池が形成されないからです。III-V型太陽電池は、コストが高くても高付加価値があるので、人工衛星用としては使用されてきていますが、一般家庭用にはほとんど用いられてはいません。材料費の低減が可能な薄膜シリコン太陽電池も徐々に変換効率が上がってきており、今後は伸びていくことが予想されています。また色素増感太陽電池や有機薄膜太陽電池などは、透明なガラス基板上やソフト基材の上に作成可能であるので、まだ変換効率には課題が残るものの特殊な用途に使用されて需要が今後増加する可能性があります。自動車や一般家庭のガラス窓に色素増感太陽電池を用いて、遮光効果と発電との双方の効果を狙った開発が行われています。

CIS太陽電池は銅（Cu）とインジウム（In）とセレン（Se）の三元化合物です。ほかにもCIGS: Cu–In–Ga–Seなどから作られる太陽電池もあります。これら化合物太陽電池は光吸収率が高く薄膜でも太陽電池として機能が出るので、材料が少なくて済み、またコスト低減に適しています。しかし、まだ研究開発されてからあまり歴史がないので、これから応用が広がっていく技術でしょう。

CIGS太陽電池は二〇一四年に変換効率二三%に達しています。またカドミウム（Cd）化合物であるCd-Te太陽電池も変換効率が二〇%に達しており、米国では実用化が進んでいます。しかし、セレンやカドミウムなどは有毒物質であるので、太陽電池としての使用法や廃材の管理方法などに注意する必要があります。

このように、太陽電池にはさまざまな材料が提案されていますが、今日圧倒的に多く用いられているのは結晶シリコン太陽電池です。

太陽電池の市場動向

世界的な太陽電池市場の動向について考えてみましょう。図21に示すように世界全体の太陽電池市場規模は、急速に伸びています（文献⑭）。二〇〇七年から二〇一二年までの五年間では市場規模は約一二倍に成長しており、さらに二〇一二年から二〇一七年までの五年間では二倍の成長が見込まれています。また、市場の拡大とともに太陽電池の発電単価は急速に下がっ

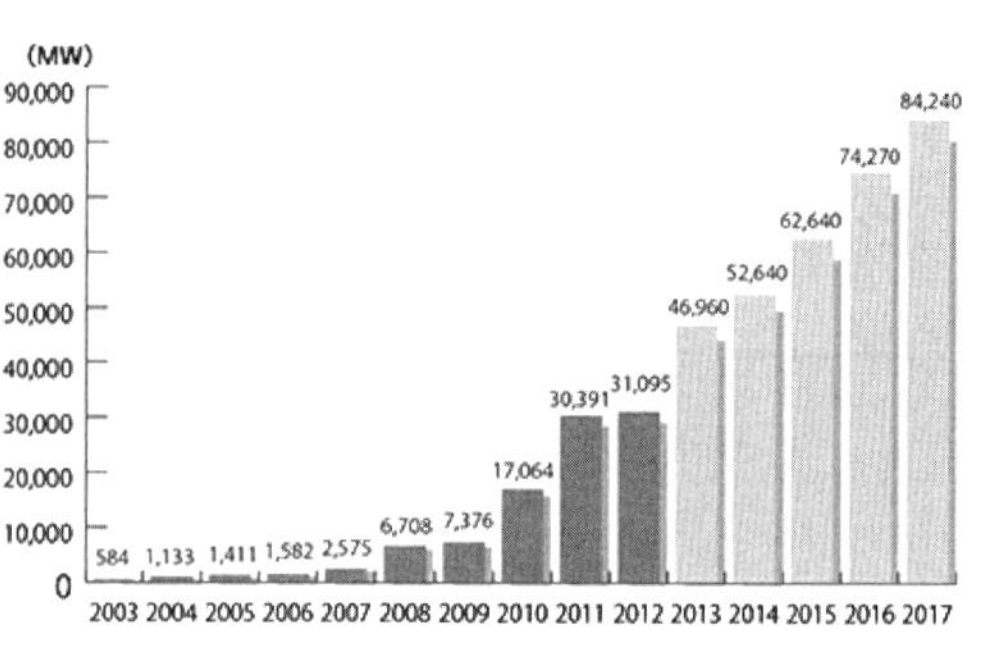

図21　太陽電池世界市場予測〔出典：EPIA[13]〕

てきています。図22に発電単価の推移を示しますが、一九九〇年から二〇一〇年の間に発電単価は三分の一程度まで下がっています。単価が安くなるとともに、市場規模は増えていく傾向があります。

日本は太陽電池技術においては二〇〇八年頃までは世界をリードしていました。そのころまでは世界市場はそれほど大きくなっていなかったのですが、世界市場の成長とともに日本の寄与はどんどん小さくなってきています。二〇〇五年ではシャープが太陽電池では世界最大を誇っており、世界シェアの二四%を占めていました。そのつぎはドイツのQセルズ社、三位から五位までは京セラなどの日本企業で、日本企業の世界マーケットに占める割合は四五%に達していました。当時は、わが国はまさに太陽電池で世界をリードしていたのです。

しかし、その後は急に中国企業が伸びてきて勢力地図が変わってしまいます。二〇一四年には、中国系会社が世界上位十社のうち七社を占め、あとは日本のシャープと京セラ、米国のファーストソーラー社が入っています（表5参照）。

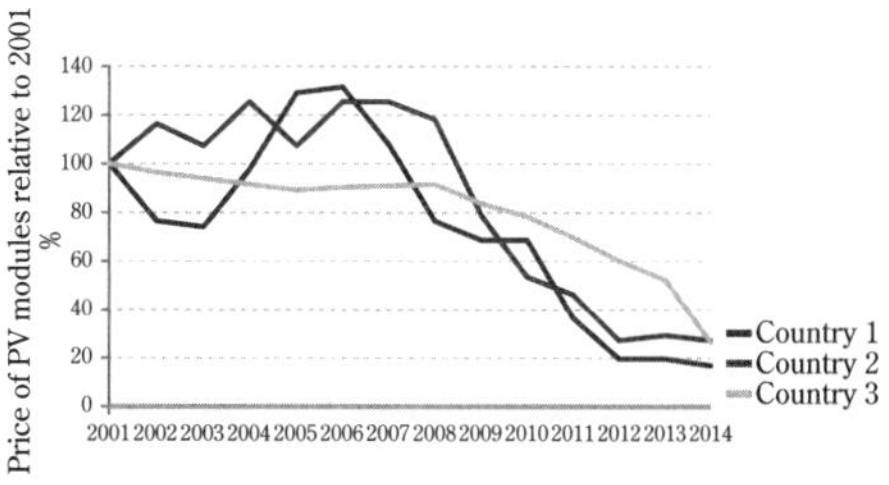

図22　太陽電池モジュール単価の年次推移（主要3か国について、対2001年比）〔出典：IEA-PVPS, trends in photovoltaic-applications 2015[15]〕

一〇年前までには第二位の太陽電池メーカーだったドイツのQセルズ社も思わしくなく、世界ランキングでは一〇位以下になっています。二〇一四年の国別比較統計では図23に示すように、中国が世界の六五％を占めるまでに成長しました。日本は四位でシェア六％に後退しています（文献⒄⒅）。

すでに図21に示したように太陽電池の世界市場は急速に拡大しつつありますが、日本企業が凋落（ちょうらく）して中国企業が躍進した理由は、ひとえに日本製の太陽電池のほうがコストが高いということが最大の理由です。国内太陽電池市場のほとんどは国内企業で占められているのですが、国外市場にはコスト高のために進出できなくなっているのが昨今の状況です。このような傾向は今後も続くものと推測されています。

表5　世界の太陽電池主要メーカー（2014年）
数字はシェア〔％〕〔参考：Statista[16]をもとに作成〕

順　位	社　名	国　名	シェア
1	インリソーラー	中　国	8.2
2	トリナソーラー	中　国	6.7
3	シャープ	日　本	5.4
4	カナディアン・ソーラー	中　国	4.9
5	ジンコーソーラー	中　国	4.6
6	ルネソラ	中　国	4.5
7	ファーストソーラー	米　国	4.2
8	ハンファソーラー	中　国	3.3
9	JAソーラー	中　国	3.2
10	京セラ	日　本	3.1
	世界全体生産量	ギガワット〔GW〕	45.0

世界各国の太陽電池導入量の二〇一四年でのランキングを表6に示します。日本の太陽電池導入量は東日本大震災後に急増していて、二〇一四年度では中国に次いで世界第二位となっています。震災後に多くの原子力発電所が停止したので、電力の不足分をクリーンな太陽電池で補おうというプロジェクトが始動した成果がこの数字となって表れています。また、米国が第三位の導入量を示しています。米国には中西部に広大な乾燥地域があり、この地域に大規模な太陽電池プラント建設が行われています。

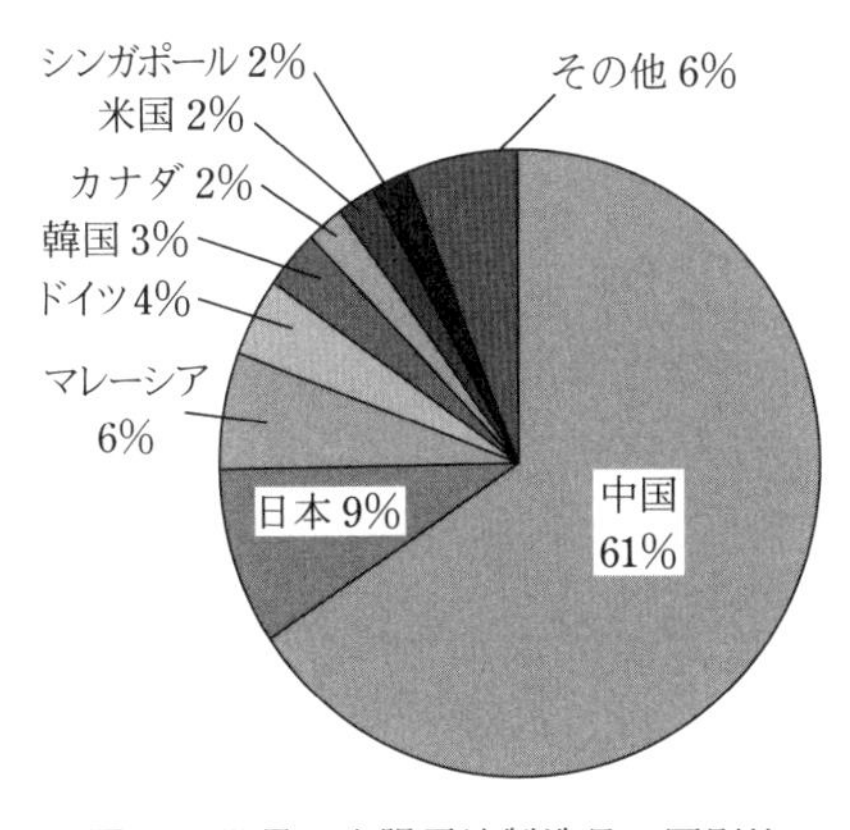

図 23　世界の太陽電池製造量の国別比較（2013年）〔出典：IEA, Report IEA-PVPS T1-27:2014 "Trends in photovoltaic application 2014" p.44[19]〕

表 6　太陽光発電の国別導入量（2014年）〔出典：Solar Market Around the World[20]〕

順　位	国　名	容量〔GW〕
1	中　国	10.6
2	日　本	9.7
3	米　国	6.2
4	英　国	2.3
5	ドイツ	1.9
6	オーストラリア	0.9
7	フランス	0.9
8	インド	0.6
9	イタリア	0.5
	世界全体	45.0

4　乗り物とエネルギー

蒸気機関の乗り物への利用　——蒸気自動車、蒸気機関車

ワットたちによる蒸気機関の発明は、ピストンの往復による直線運動を機械的に回転運動に変換することによって、さまざまな産業へ利用されました。紡績産業において、蒸気機関の導入は革新的であり、産業の発展をおおいに助けました。人間の手足で回して糸を紡いでいた作業が、蒸気による回転機構によって人力がいらなくなり、作業効率が飛躍的に向上したのです。蒸気機関による回転運動を車輪の動力へ用いるのは自然な流れであり、その中から蒸気自動車が開発されました（写真15参照）。しかし、蒸気自動車は開発初期では重い鉄製のシリンダーや動力機構を持っていたためにスピードが遅いという欠点を持っていました。車輪タイヤでは転がり摩擦が大きいために、

加速する際に大きな抵抗があったのです。

蒸気機関車を鉄道の上で走らせるという発想は、転がり摩擦を小さくして蒸気機関車でも大きな速度を得るためには、どうしても必要だったのです。また蒸気機関車では石炭火力をエネルギー源にしていたので、ほぼ一車両分の石炭を積んで走行していました。

蒸気機関車の発明によって旅客や貨物の大量輸送が可能となり、各地の主要都市間に鉄道が引かれ、製鉄産業がより盛んとなりました。また石炭は当時の主要なエネルギー源として、製鉄産業や蒸気機関車によりいっそう多く必要とされるようになり、関連するさまざまな産業の発展が促進されたのです。蒸気機関車は一九世紀初期より一九七〇年頃まで、鉄道技術の主力として活躍してきました。ただし、電気機関車の高性能化・高速化が二十世紀後半に飛躍的に進み、徐々に蒸気機関車は電気機関車にその地位を奪われるようになりました。また蒸気機関車では、石炭を燃焼する際に出る煤煙が鉄道近隣の大気汚染を招くなどの環境問題もありました。今日では日本国内の鉄道はほとんどが電気機関車となり、ごく一部でディーゼル機関車が用いられています。ただし、インドや中国などの開発途上国では今日でも蒸気

写真 15　蒸気自動車、Wallis & Steevens steam traction machine “Lena”〔出典：Wikipedia[1]〕

機関車を用いている例もあります。

自動車技術の変遷

内燃エンジンの自動車への利用

蒸気機関よりも大きな出力が可能な内燃機関に関しては、蒸気機関の発明と相前後する時期より検討がなされていたようですが、今日でも使用されている4ストロークエンジンはドイツのオットーにより一八七六年に発明されました。蒸気機関と同様にピストンの往復運動を回転運動に変換する方式（レシプロ型）であり、ピストンが二往復する間に四つの行程が行われます（図24参照）。

まず、(a)の吸気工程では、ピストンが下降してシリンダーの体積が広がり、それとともに吸気バルブが開いて燃焼ガスがシリンダー内に導入されます。つぎに、(b)の圧縮工程ではシリンダーが上昇に方向転換すると、シリンダーの体積が減少するのでそれに伴って燃焼ガスが圧縮されます。シリンダーが最上部に到達した時点では、ガスの圧縮比は最大値になり、その時点で点火プラグが作動してガスを燃焼（爆発）させます（c)爆発膨張工程）。ガスの爆発によってピストンは強い力で押し下げられ、駆動力が発生します。その後の(d)排気工程では、ピストンの上昇過程においてガス

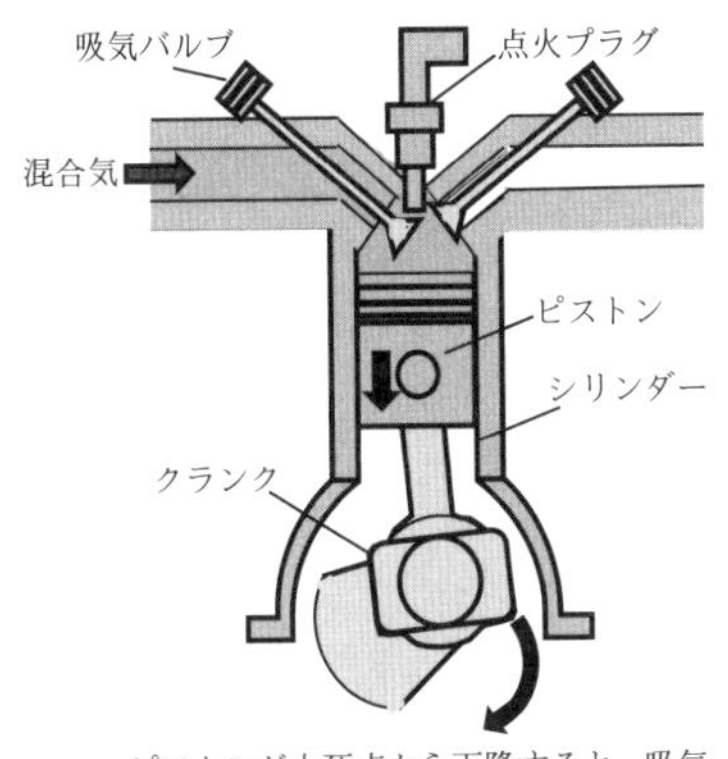

ピストンが上死点から下降すると、吸気バルブが開いて、混合気が吸い込まれる。（※上死点：ピストンの動きが上向きから下向きに変わる位置。ピストンの上下運動が一瞬止まる。クランク：往復運動を回転運動に変える装置。）

（a）　吸気工程

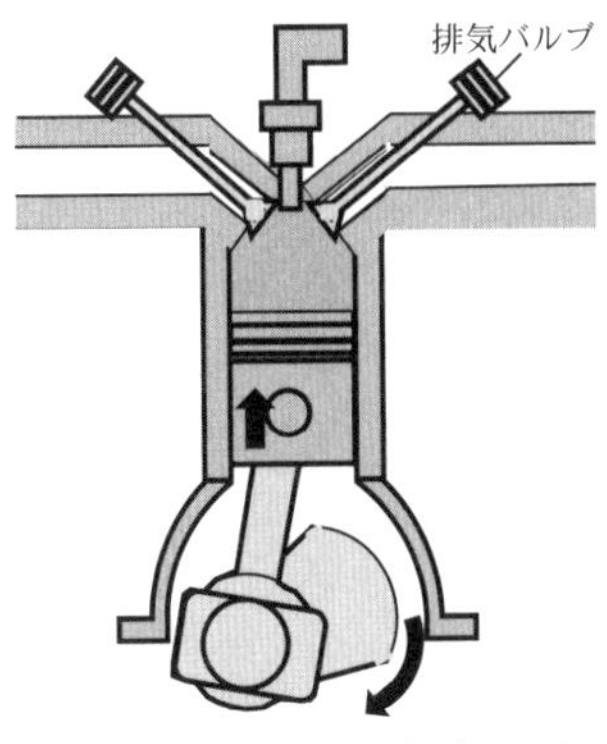

ピストンが上死点から上昇に転じると、吸気・排気バルブ双方が閉じられ、混合気が圧縮される。

（b）　圧縮工程

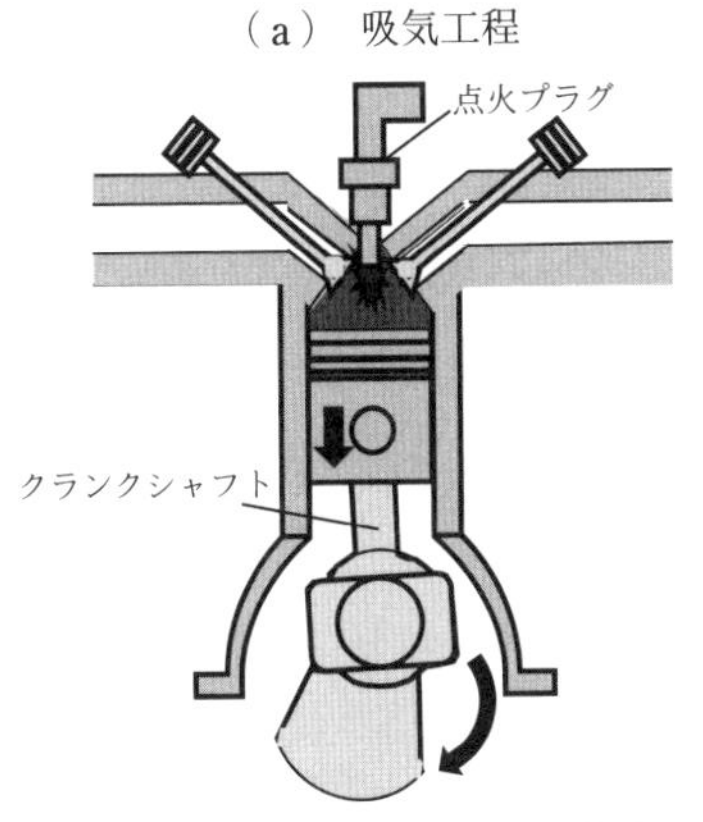

ピストンが上死点に達すると点火プラグで着火され、燃焼によって生まれたガスで内部圧力が高まり、ピストンを押し下げ、クランクシャフトを回す。

（c）　爆発膨張工程

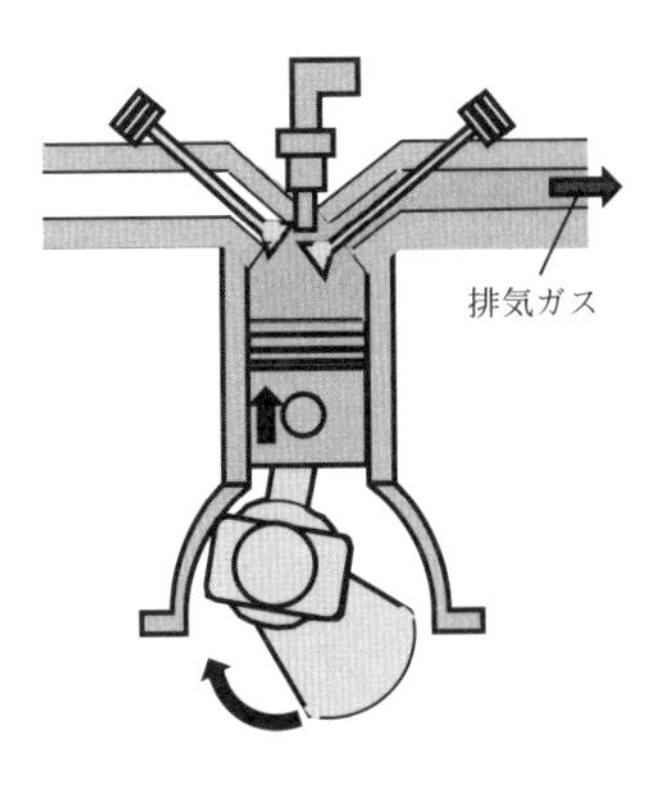

ピストンが再び上昇を始めると、排気バルブから燃焼ガスが排出される。

（d）　排気工程

図 24　4ストロークエンジンの各工程の概念

排気口が開けられて、燃焼ガスが排気されます。ガソリンなどを燃料に用いた四ストロークエンジンは、二十世紀初頭には軍用飛行機のエンジンにも用いられてさまざまな改良がなされて高出力化がなされました（文献(2)）。

また、燃焼ガスの圧縮比が大きい場合には、点火プラグがなくてもガスが自然着火して高効率のエンジンが動作可能となります。このような方式がディーゼルエンジンであり、一八九二年にルドルフ・ディーゼル氏により発明されました。ディーゼルエンジンはガソリンよりも火力が弱い軽油や重油などでも動作可能であり、今日では大型自動車や船舶、鉄道などにも広く用いられています。

ガソリンエンジンは一〇〇年以上に渡って、自動車の主要動力源として用いられてきましたが、二十一世紀に入って以降は電気モーターとガソリンを併用するハイブリッド車が徐々に増えてきています。第二次世界大戦が終わって二十世紀後半となって以降は、科学技術の発達が目覚ましく、世界的に見てもさまざまな産業が発展してきました。それとともに石炭や石油などの化石燃料の年間使用量がどんどん増えてきた結果として、化石燃料の枯渇の危惧が叫ばれるようになってきました。そこで、ハイブリッド化による自動車の低燃費化は石油消費量を低減する意味でも、重要な技術になってきています。

ハイブリッド自動車

ハイブリッド車の主要な技術要素には、回生ブレーキとバッテリー技術とがあります。回生ブレーキ（図25）の仕組みの原理は、じつは発電機と同じものです。従来のブレーキは摩擦を利用して運動エネルギーを熱エネルギーに変換し、スピードを低減するものでした。回生ブレーキは自動車の車軸に取り付けられており、車軸の回転運動を利用して発電機を動かしています。回生ブレーキが動作すると、車軸の回転運動が発電機の軸（シャフト）に伝達されて、シャフトに取り付けられたコイルが回転します。コイルの外側には磁石（N極、S極）が配置されているので、コイルの回転とともにコイルを貫く磁束が変化して起電力が発生します。ここで得られる電力が、バッテリーに蓄えられることとなります。

ハイブリッド車や電気自動車、あるいは電動アシスト自転車などには、回生ブレーキが取り付けられていて、余剰の運動エネルギーを電気エネルギーに変換することによって、燃料の効率が良くなるような仕組みが入っているのです。

図26にガソリン車とハイブリッド車の排気量と燃費の分布

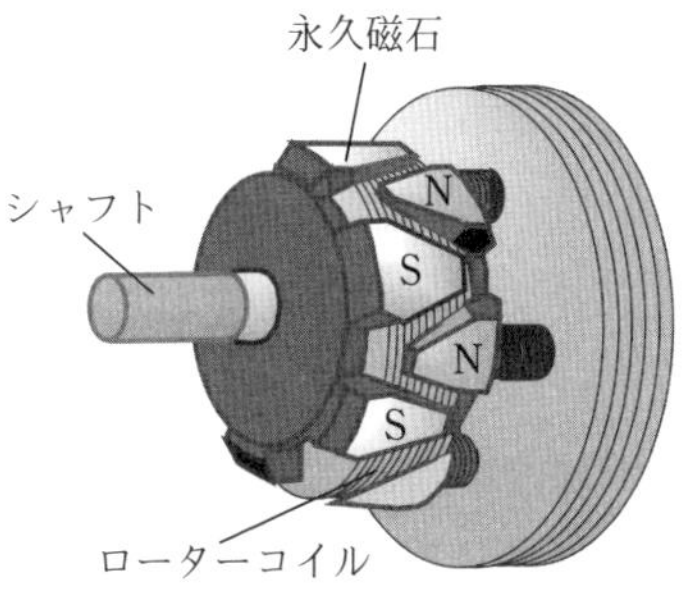

図25　回生ブレーキで動作する発電機（オルタネーター）の仕組み

を示します。国土交通省の統計によるものです。本図ではガソリン車が変速の仕組みの違いから、ＡＴ車（いわゆるオートマ車）、ＭＴ車（マニュアル車）、ＣＶＴ車（無段変速車）の三つに分類されています。いずれのタイプのガソリン車よりも、ハイブリッド車のほうが燃費が良いことがこの図から読み取れます。例えば、排気量一・八リットル（図中矢印）で比較すると、ハイブリッド車の平均燃費はＣＶＴ車の平均燃費の約一・八倍となっています。

　また最近少しずつ市場に出ている電気自動車は、ガソリン使用ゼロで排気ガスゼロですから、環境への負荷はほとんどゼロです。しかし、バッテリーの蓄積エネルギー量があまり大きくないので、フルに充電しても航続運行距離が一〇〇km程度でしかないという問題点があります。バッテ

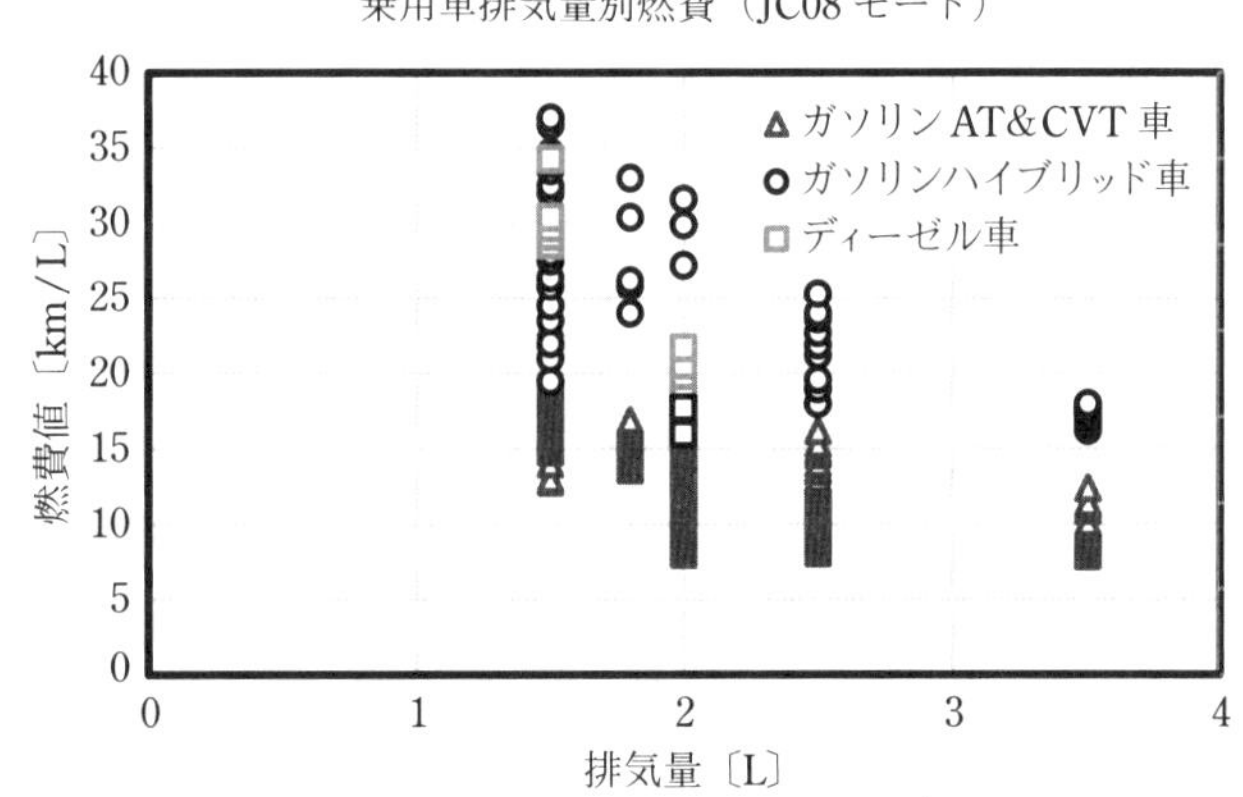

図 26　各種自動車の燃費と排気量の関係を示す図
（国土交通省 WEB サイト[3]をもとに作成）

リー容量を増やすと、それによって車体の重量が重くなったり、また、車両価格が著しく高くなったりするので、現実的ではありません。そこで、より性能の高い蓄電容量の大きなバッテリーが求められています（文献(4)(5)）。

水素自動車

水素を燃料に用いて、酸素との電気化学反応によって電気エネルギーを取り出して自動車の動力源にする燃料電池自動車が最近実用化しました。自動車の動力は電気モーターであり、動的機構の仕組みは電気自動車とほぼ同じです。しかし、燃料電池自動車は水素タンクと燃料電池、およびバッテリーを搭載しています。二〇一四年にトヨタが市販を開始したＭＩＲＡＩは、量産化された燃料電池自動車として完成度の高いものになっています。燃料電池自動車では水素が消費されても反応後の副産物は H_2O なので、環境への悪影響はまったくありません。燃料電池の仕組みの概略を図27に示し

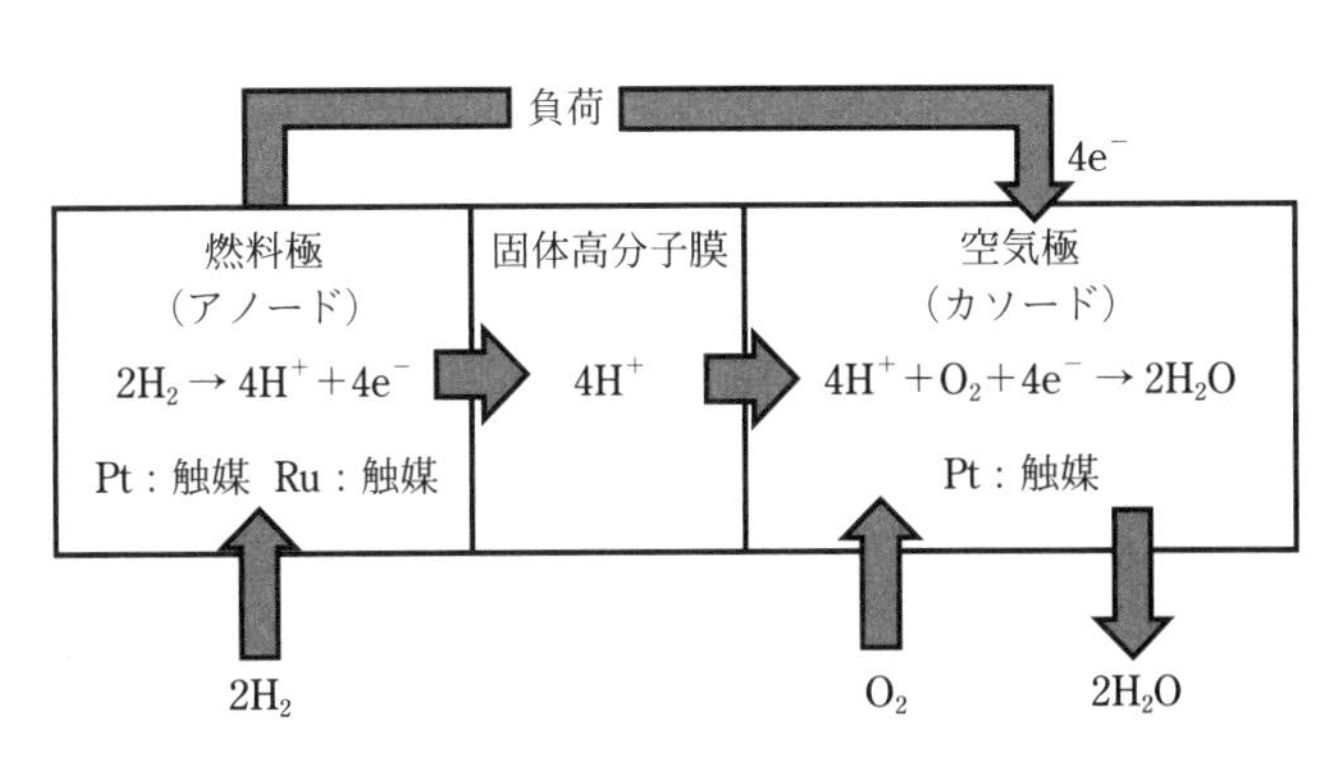

図 27　燃料電池の仕組みの概略図

ます。

陽極側では水素分子がPtなどの触媒の作用により水素イオンに変化して、同時に電子を放出します。電子はただちに外部回路を通って陰極に移動しますが、水素イオンは固体高分子極を通り抜けて陰極に移動します。陰極では酸素分子がPt触媒の作用により水素イオンと反応して水分子へと転換します。またその際に、陽極から移動してきた電子を必要とします。陽極と陰極でそれぞれ酸化・還元反応が起き、特に陽極での水素分子の酸化によって電流（電子）を取り出すことができるのです。これらの反応ではほとんど熱が発生しないのが水素の燃焼現象との大きな違いであり、安全性が高いのが特徴です。

ＭＩＲＡＩの構造図を写真16に示します。燃料電池（ＦＣスタック）と駆動用バッテリー、高圧水素タンクでかなりの容積を占めていることがわかりますが、乗用車としては十分な居住空間が確保されています。水素ガス圧力は約七〇〇気

写真 16　トヨタ MIRAI の車体側面図〔出典：Wikipedia[6]〕

圧（約七〇MPa）であり、水素ステーションで満タンにするのにかかる時間は三分間程度です。また、継続走行距離は六五〇kmとハイブリッド車並みになっています。発売されたばかりで水素ステーションの数が少なく東京首都圏に限られているので、水素ステーションをもっと全国に増やさなければ、普及しないでしょう。大きな課題として、水素の価格と供給方法があると言えます（文献(7)）。

水素はどのようにして作られるかというと、水の電気分解、あるいは天然ガスに含まれるメタンガスに水蒸気を加えて加水分解、のいずれかとなります。光触媒を利用した太陽光照射によって水を分解して水素と酸素に分離する方法も研究レベルでは進行していますが、まだ現実的ではありません。コストの面から考えると、水の電気分解による水素ガスの生成法では絶対に電気自動車に勝ることはできません。メタンガス分解法は、化石燃料を使用するという点で天然ガス価格変動に水素価格も依存するという不安定さがありますが、電気分解法よりは現実的と考えられます。

鉄道技術の変遷

蒸気機関車は一九世紀初頭より鉄道の主役として長い間活躍してきましたが、近年はより速度が出る電気機関車に主役の座を渡しています。日本国内では観光客誘致を目的として、定期的に蒸気機関車を走らせている地域が数か所あるのみとなりました。埼玉県秩父鉄道、静岡県大井川鉄道、ＪＲ西日本山口線などです。力強い汽笛を鳴らしてモクモクと黒い煙を吐きあげて走る蒸気機関車の姿は勇猛そのものです。しかし、電気モーターの進化によって電気機関車の性能が向上して高速化が進んだのに対して、蒸気機関車の高速化には限界がありました。図28に各種機関車のエネルギー効率の比較を示します。

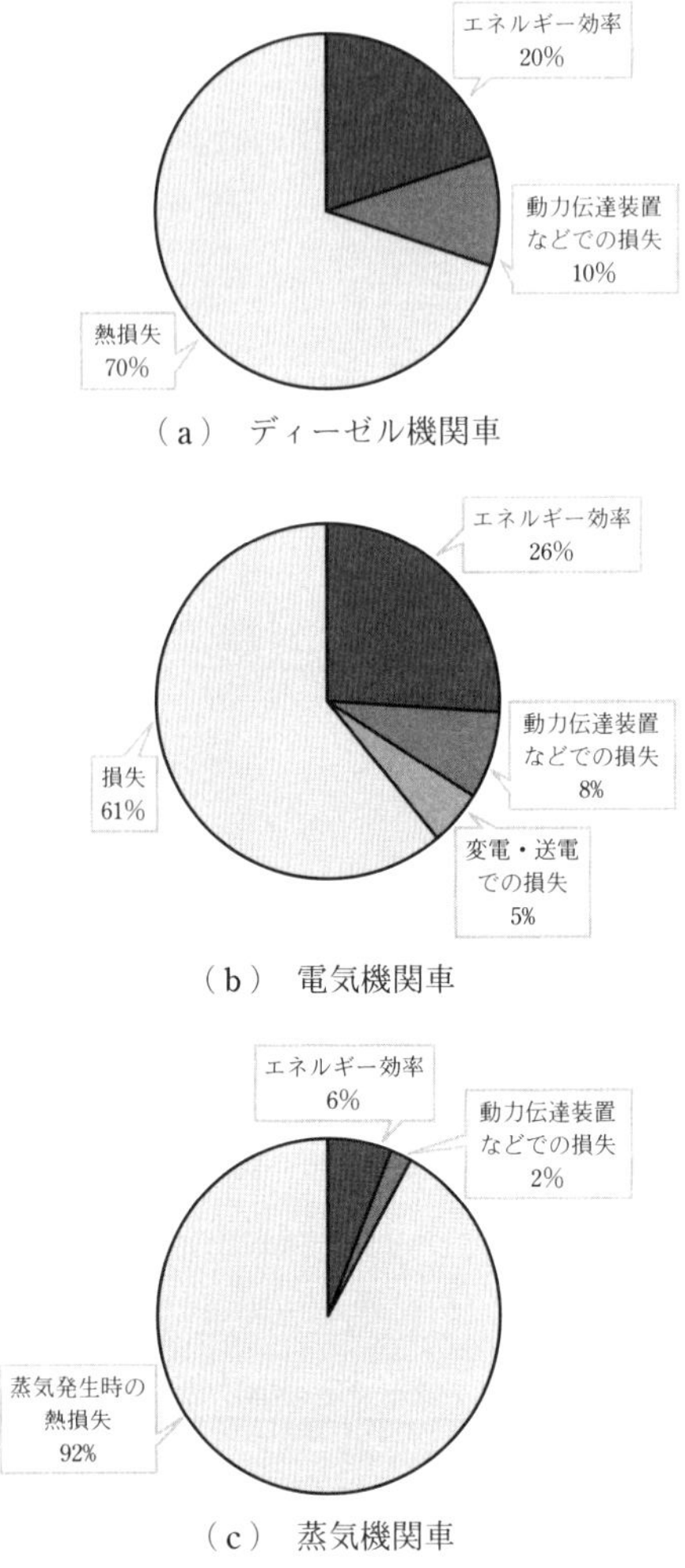

エネルギー効率
20%
動力伝達装置
などでの損失
10%
熱損失
70%

（a） ディーゼル機関車

エネルギー効率
26%
動力伝達装置
などでの損失
8%
変電・送電
での損失
5%
損失
61%

（b） 電気機関車

エネルギー効率
6%
動力伝達装置
などでの損失
2%
蒸気発生時の
熱損失
92%

（c） 蒸気機関車

図28 各種機関車のエネルギー効率〔参考：新星出版社編集部『カラー版徹底図解 鉄道のしくみ』[8]〕

投入されたエネルギーに対して，機関車の運動エネルギーがどれだけの比率になるかが数値的に示されています。エネルギー効率は電気機関車が二六％，ディーゼル機関車が二〇％であるのに対して，蒸気機関車では六％でしかありません。蒸気機関においては水蒸気が大量に排出されますので，石炭を燃やして作られた熱エネルギーのほとんどは，水蒸気の持つ熱エネルギーに転換されて煙突から排出されてしまうためです。また，電気機関車の特徴は電力供給のためにパンタグラフが屋根に取り付けられていて，上部の電線とつねに接触している点であり，これは新幹線でも同様です（（文献(9)），写真17）。

さて，日本の高速車両の歴史は一九六四年の東海道新幹線開業時から始まっており，いまや五〇年を越しています。新幹線は開業当初は最高時速二一〇kmで東京—大阪間を三時間一〇分で走っていましたが，二〇一五年では二時間二二分で走行しています。国内営業での現在の最高速度は時速三〇〇kmであり，約一・五倍に速度が向上しました。開業当初の〇系（写真18右，時速二一〇km），一九九二年の三〇〇系（写真18中央，時速二七〇km），今日のN七〇〇系（写真18左，時速三〇〇km）の

写真 17　蒸気機関車（左）と電気機関車（右）〔出典：Wikipedia[10][11]〕

先頭車両の形状を比較すると（写真18）、この五〇年間のJRの努力が見て取れます。先端の角度が新しい車両ほど鋭くなってきていて、空気抵抗を減らす構造へと進化しているのがわかります。今日では新幹線の最高営業速度は直線区間の多い東北新幹線にて時速三二〇kmとなっています。

　高速電車の開発や技術輸出は、今日では世界的に激しい技術競争の時代となっています。フランスのTGV、ドイツのICE、日本の新幹線が最近までは世界を代表する高速電車でした。韓国では二〇〇四年にフランスのTGV方式の高速鉄道KTXが、台湾では二〇〇七年に新幹線方式の台湾高速鉄道がいずれも最高時速三〇〇kmで開業しました。中国ではドイツのICEや日本の新幹線の技術を導入して高速鉄道網を建設してきました。中国は当初は独自で高速鉄道技術を立ち上げようと試みましたが限界があったので、外国から技術の提供を受け、国内の技術発展に使うという方針で積極的にヨーロッパや日本の技術を導入しました。

写真18　新幹線先頭車両の形状比較〔出典：Wikipedia[12]〕

　二〇〇七年の高速鉄道営業開始以来、続々と鉄道建設を続けており、今日では総延長八〇〇〇kmを越える世界最長の高速鉄道網ができており、さらにどんどん拡大しつつあります。二〇一〇年に

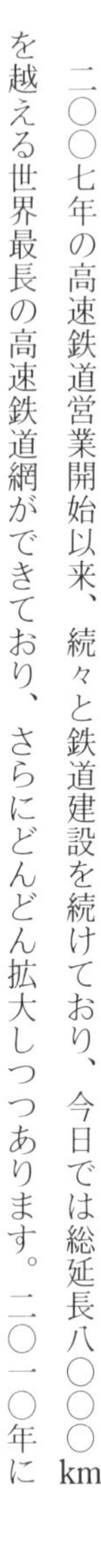

は北京―上海間で世界最高営業速度である時速三五〇kmの高速鉄道が運用開始されました。しかし、二〇一一年に浙江省で衝突・脱線により約四〇名が死亡する大事故が発生した影響もあり、現在では最高速度三〇〇kmで営業しています。最近では中国も高速鉄道技術の輸出に非常に積極的であり、他国に対しても強力なライバルとして成長しました。また、ドイツにおいても、時速二〇〇kmで走行するＩＣＥの脱線事故によって死者が一〇一人出るという痛ましい大事故が一九九八年にありました。その原因の解析の結果、原因は車輪の外輪のたわみによってできた金属疲労であることが判明しており、日常的なメンテナンスがいかに重要であるかが示されました。高速鉄道ではいったん事故が起きると飛行機事故並みの規模になってしまうので、安全対策がきわめて重要です。日本の新幹線では、乗客の死亡事故は開業以来一度もないという素晴らしい安全性が示されていますが、ＪＲが安全に対して尽力してきた成果であると言えましょう。

なお、車輪がついた電車のいままでの最高速度は、フランスのＴＧＶが記録した時速五七四・八kmとなっています。中国の和諧号は時速四八七km、新幹線は時速四四三kmです。営業速度をどこまで上げることが可能かは現時点でははっきり言えませんが、速度を上げるに従って空気抵抗や車輪からの摩擦抵抗が増えるためにより多くの電力を必要とし、また何か事故が起きたときの安全性は逆に下がることが予想されます。そのような中で、つぎに解説する磁気浮上列車という選択肢が有力と考えられています。

磁気浮上列車

電車は車輪から転がり摩擦力を受けているので、その摩擦力がなくなればさらなる高速化が容易となります。これは強い磁場の力によって可能であることが早期より指摘されていました。磁気浮上列車の開発に関しては、ドイツが世界に先んじて一九七一年に初めて有人走行を実現しました。電磁石を電車に搭載して、線路に沿って敷き詰めた電磁石によって磁気的反発力により車体を浮かせると同時に、進行方向に向けて磁気的な引力をリニアモーターによって発生させて推進力を得るという方式です。この当時は時速九〇kmでしたが、その後どんどん改良が進み、速度は五〇〇kmを越えるところに来ています。リニアモーターカーの動作原理の概略を図29に示します。

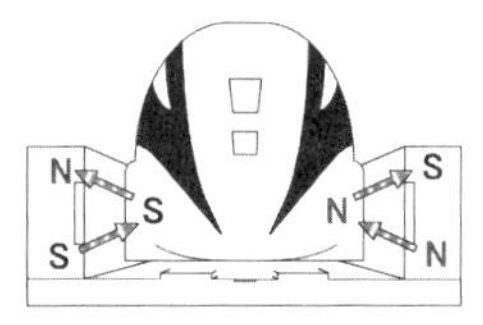

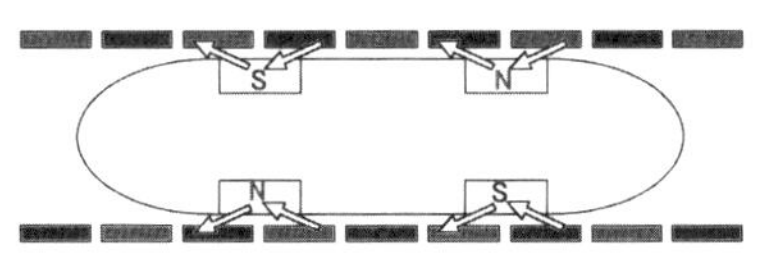

車両の超電導磁石が高速で通過すると、両側の浮上案内コイルに電流が流れて磁力を発生し、押し上げる力（反発力）と引き上げる力（吸引力）が発生し、車両を浮上させます（左図）。車両に搭載されている「超電導磁石」には、N極とS極が交互に配置されています。軌道の両側の壁には推進コイルが取り付けられており、壁側の磁界の交互に配置されたN極、S極と、車体側の超電導コイルが発生するN極、S極との間で、N極とS極の引き合う力と、N極同士・S極同士の反発する力が発生し、車両を前進させます（右図）。

図29　リニアモーターカーの動作概念図
〔出典：Wikipedia[13]〕

日本でのＪＲの磁気浮上列車研究はドイツからやや遅れてスタートしましたが、ドイツ方式が常伝導電磁石を用いるのに対して、日本では超伝導電磁石（注1参照）を用いたリニアモーターカーの開発が推進されました。超伝導とは、低温で電気抵抗がゼロとなる現象です。具体的には、ニオビウム合金の超電導線材で構成されるコイルを液体ヘリウムで零下二六〇℃以下までに冷やして、強い均一な磁場を発生します。一度超電導状態を作り出すと、電気抵抗がゼロとなりジュール発熱がゼロとなるので、少ないパワーで磁気浮上することが可能となります。ただし、高価な液体ヘリウムを大量に消費するという別の側面もあります。現

（注1）
ある種の金属・合金・酸化物を一定温度以下まで冷却したとき、電気抵抗がゼロになることを「超電導現象」といいます。（図30参照）超電導リニアモーターカーの場合、超電導の安定性を高めるためにニオブチタン合金を使用しています。液体ヘリウムでマイナス二六九℃に冷却することにより、超電導状態を作り出しています。超電導状態となったコイル（超電導コイル）に一度電流を流すと、電流は永久に流れ続け、きわめて強力な磁石（超電導磁石）となります。

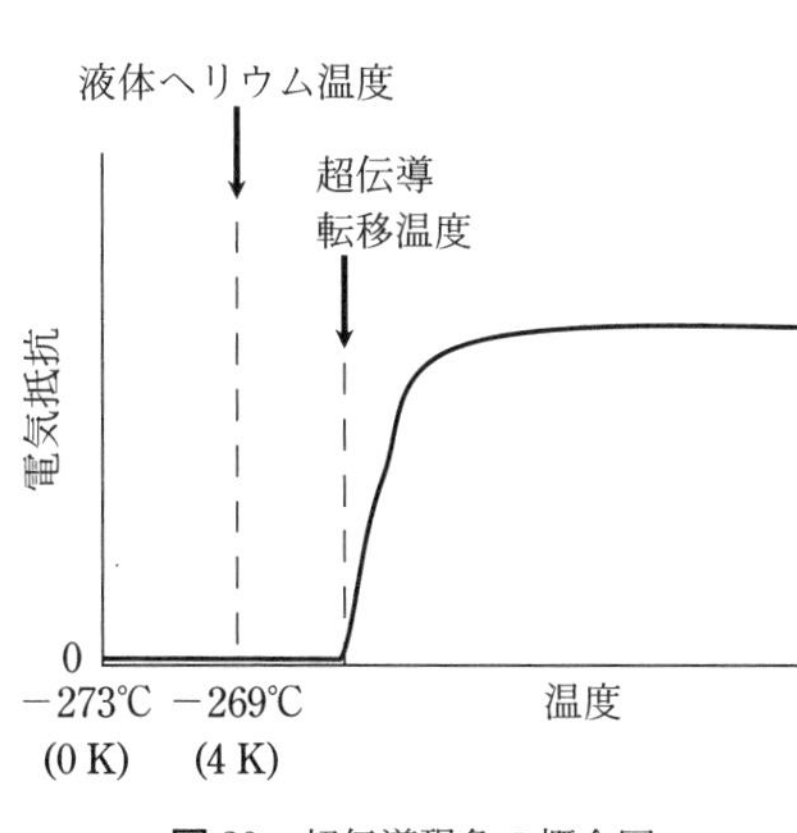

図 30　超伝導現象の概念図

在、営業されているリニアモーターカーで最速は上海市内と浦東空港を結ぶ上海トランスラピッドで、ドイツの技術導入で建設されており、最高時速は時速四三〇kmです。一方、JR東海は山梨県内のリニア実験線では二〇一五年に最高時速六〇三kmを記録しています（写真19参照）。本格的な長距離のリニアモーターカーの旅客営業に関しては、JR東日本の東京―名古屋間の二〇二七年開業、最高時速五〇五kmが予定されています。また大阪までの延伸は二〇四五年と計画されています。

ただし、JRのリニアモーターカーにはいくつかの大きな問題点があることが指摘されています。リニアモーターカーの建設費用は東京―名古屋間で五・四兆円、東京―大阪間で九兆円と見積もられています。着工したのが二〇一四年一〇月ですから、毎年五〇〇〇億円近くの工事費を必要としますが、JR東海がそれ

先端形状は、平たい構造となっています。そうすることで車体を押し下げる方向に風圧が発生し、浮力の発生を防ぐことができます。

写真19　山梨県の実験線を走行中のリニアモーターカー〔出典：Wikipedia[14]〕

を負担し続けていくのはきわめて厳しいのではという見方があります。また、東京―名古屋間では十分な旅客が見込めず、東京―大阪間まで延伸しないと関西圏の旅客は利用しない可能性があります。関西から東京に向かう場合に、名古屋で新幹線を降りてリニアに乗り換える時間的メリットはほとんどないからです。その場合には、九兆円の費用をかけて、三〇年程度の年月をかけて建設しないといけません。多額の工事費のおもな原因は南アルプスなどの山岳地帯を突っ切るトンネル工事に莫大な費用を要するからです。東京―名古屋間では総距離の八〇%がトンネルになることが計画されています。また、リニアモーターカーの使用電力が、新幹線の約三―五倍程度と見積もられている点も問題点です。現在の新幹線と同程度の頻度で走らせるとすると、莫大な電力を必要とし、原子力発電所を再稼働どころか増設せねば、この電力は賄えないかもしれません。

最近の中国を見てみますと、二〇〇七年頃から七―八年間の短期間に高速電車網をつぎつぎと建設し、いまや世界最長の高速鉄道ネットワークを有する国へと変貌を遂げました。中国は平地が多いために、長大なトンネルを掘らなくても高速電車建設が可能だったから、このようなことができたのでしょう。中国はさらに、この鉄道技術を輸出する攻勢をかけてきています。日本では山岳地帯が多くて、このようなわけにはいきません。三〇年をかけて東京―大阪間にリニアモーターカーを建設するメリットは、本当にあるのでしょうか。日本経済がどんどん発展している場合でしたら可能かもしれませんが、経済が停滞していて、これから少子化とともに経済規模が縮小しようとしているのを考えますと、将来的にＪＲ東海が経営破綻をきたす可能性もあり得ます。ともあれ着工が決定してどんどんトンネル工事が進んでいるようですから、われわれ消費者は事の成り行きを見守っていく必要があるでしょう。

第二編　エネルギーの課題と地球温暖化

5　人口増大とエネルギー消費増大

人類のエネルギー消費は、十八世紀のヨーロッパにおける産業革命に端を発して急速に増加してきました。文明が進歩して、さまざまな技術が発展してくると物質的な豊かさや、食料供給が増大し、さらには医療水準が上がってくるので、人口増大も目立ってきました。そして人口増大とともに、さらにエネルギー消費量も増えることになります。

図31に世界の人口の推移のグラフを示します。一七〇〇年頃は世界の人口は六億―七億人程度でしたが、一九〇〇年頃には一六億人程度と二倍以上となり、さらに第二次世界大戦後の二十世紀後半には世界的な大規模な戦争がなく産業の発展に伴う生活の質や医療技術の進歩のおかげで飛躍的に増加して、二〇〇〇年には六十億人程度となりました。二〇一五年の時点では、世界人口は約七一億人で、その中でも中国（一三億九〇〇〇万人）、インド（一二億五〇〇〇万人）、が群を抜いて人口が多くなっています。今後の世界人口はどのように推移していくでしょうか？　産業や経済が

成熟した先進諸国では人口がほとんど増加せずに停滞するか、もしくは出生数が減る方向に向かって人口が徐々に減少する傾向があります。ヨーロッパ諸国はほぼ人口変化が停滞しており、日本や韓国は人口減少に向かう傾向が顕著になってきています。開発途上国はＧＤＰの成長などにより、人口増加傾向が明確にあります。中国は二十一世紀に入って以降の経済の成長が著しいのですが、すでに人口はかなり多いので一人っ子政策などによって人口増加を抑えようと努力してきました。インドは中国の後を追って経済成長しつつありますが、人口増加を抑制する政策は特に取られていないようです。

人口増加傾向が著しい開発途上国の経済成長が成熟期を迎えて、人口増加傾向が止まるのがいつ頃になるのかによって、今後の世界総人口の推移

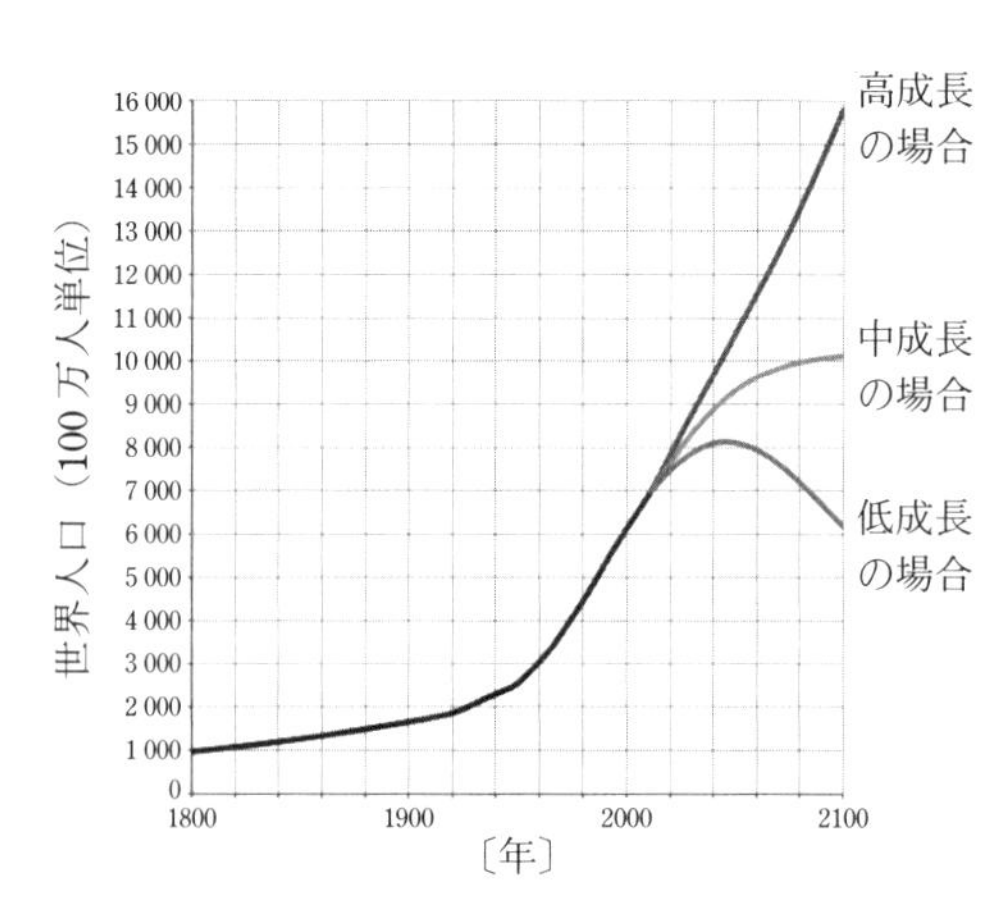

図 31 1800 年以降の世界の人口の推移と 2100 年までの予想〔出典：Wikipedia[(1)]〕

は変わってきます。図31の今後の人口推移を示す線はその辺の見通しによって低成長（low scenario）と高成長（high scenario）の間に来るだろうという予測を示しています。この人口増加の推移は、世界のエネルギー消費の推移とも密接に関係していることを心に留めておく必要があります。図32に世界のエネルギー消費量の地域別推移を示します。一九六五年から二〇一三年までの推移を示したものですが、総エネルギー消費量は三倍に増えています。ＯＥＣＤ加盟国（注1参照）は一九六五年では七〇％を占めていましたが、消費量そのものは一・三倍程度に増加しているにもかかわらず、二〇一三年では四四％に落ちています。その間に開発途上国だった国々が経済成長を遂げてエネルギー消費を増やしてきたからにほかなりません。特にＯＥＣＤ非加盟のアジア諸国（中国、インドなど）が最近二〇年間で飛躍的な消費量増大を示していることがわかります。

また、図33に一次エネルギー別年次推移を示します。ほとんどのエネルギー源は四〇年間以上にわたって石炭、石油、天然ガスなどの化石燃料であり、二〇一二年ではその三つで八二％を占めて

（注1）
ＯＥＣＤ加盟国：欧米の先進国と米国、カナダのメンバー国から一九六一年にスタートした国際的経済協力開発機構であり、現在では日本、韓国を含む34カ国がメンバーとなっている。中国、インド、ブラジルなどの新興経済大国は未加盟である。

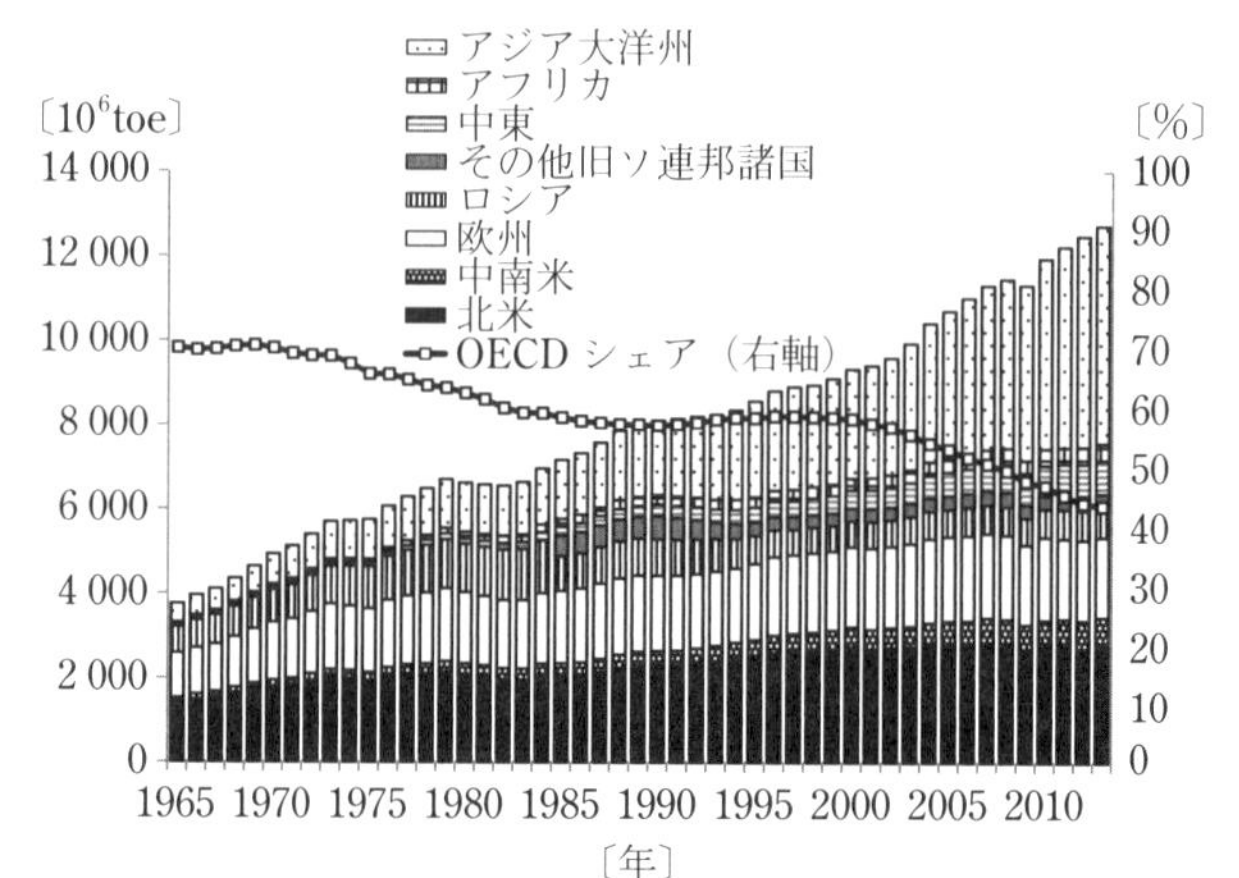

（注 1）1984 年までのロシアには、その他旧ソ連邦諸国を含む。
（注 2）toe は tonne of oil equivalent の略であり石油換算トンを示す。

図 32　世界のエネルギー消費の地域別の推移
〔出典：経済産業省　エネルギー白書 2014[(2)]〕

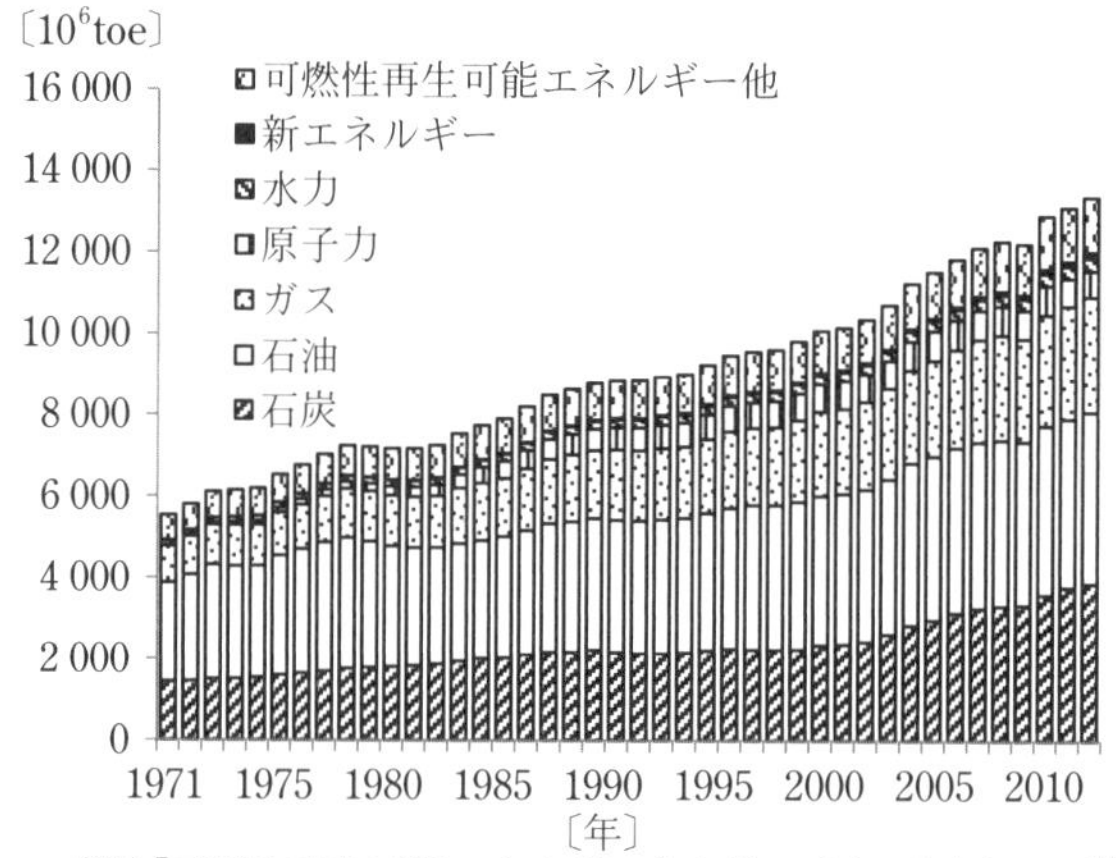

（注）「可燃性再生可能エネルギー他」は、主にバイオマス燃料。

図 33　世界のエネルギー消費の一次エネルギー源別の推移
〔出典：経済産業省　エネルギー白書 2014[(3)]〕

います。原子力は一九七五年以降に先進国にて徐々に増加してきましたが、全体から見るとまだ五％程度でしかありません。また太陽電池はこのグラフでは新エネルギーに含まれますが、全体の一％程度でしかありません（文献(4)）。

図34に地域別のエネルギー需要の変遷を今後の予測も含めてグラフ化したものを示します（文献(5)）。日本、ＯＥＣＤ諸国、米国、ロシアなどは二〇三五年においてはエネルギー消費は微減でありますが、中国、インドは今後さらなる経済発展が予想されているので大きく増加することが予測されています。原油の埋蔵量は二〇一二年での消費量を仮定するとあと五三年で、また天然ガスは五二年で、石炭は一一三年で

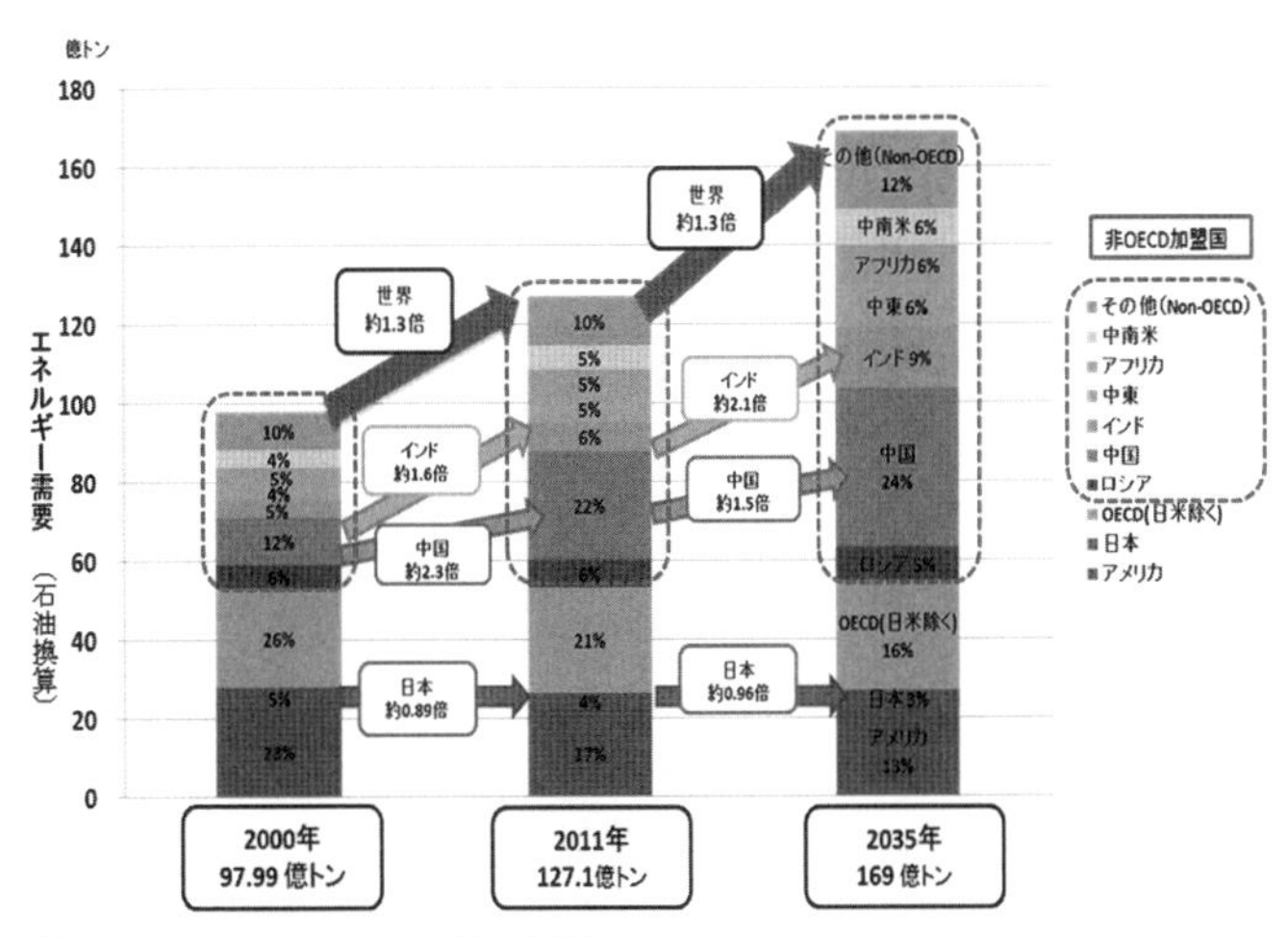

図 34　世界のエネルギー需要の地域別推移
〔出典：エネルギー白書 2014 (6)〕

枯渇することが予想されます。これらの化石燃料の確認埋蔵量は今後も若干は増えることが予想されますが、それ以上に世界のエネルギー消費量がインド・中国などの経済発展に牽引されて大きくなり、半世紀後には化石燃料は枯渇に限りなく近づくことになります。最近は地球温暖化抑止のためにCO_2削減が叫ばれていますが、実際には化石燃料の枯渇の問題をいかに人類全体で解決していくか、ということのほうがはるかに重要な課題であると言えます。

6　原子力発電をめぐる話題

二〇一一年三月に起きた東日本大震災では、福島第一原子力発電所で深刻な放射能漏れ事故が起きました。国内のエネルギー供給においては、その直前の時点では原子力発電は三〇％程度の発電エネルギー供給量を持っていましたが、国内のほとんどの原子力発電所はその後の約三年間あまり、安全のための点検などのためにに停止していました。福島第一原子力発電所が稼働停止し、原子炉の建物の水素爆発などの事態に至って大量の放射能を拡散することとなったおもな原因は、原子力発電所の電源棟が津波の被害にあって電力源が停止し、原子炉の冷却ができなくなったためでした。想定を大きく超えた大津波が発生したわけですが、このような大津波は今後も数十年から数百年に一度程度は起こり得る可能性があります。

さて、日本は国内の化石燃料資源が乏しく、エネルギー源のほとんどを輸入に頼っている国です。原子力発電所を国内で増やした要因はこの点にあります。一九七〇年代に起きたオイルショックの影響で、国内の石油の値段が中東の政治情勢に大きく左右されることが明らかとなりました。諸外国の状況によって、国内のエネルギー供給が大きな影響を受ける事態を避けるために、原子力発電所を増やしてエネルギーの安定供給を目指したのがそれ以後のエネルギー行政でした。しかし、原子力発電所は絶対に安全であると電力会社が主張していた安全神話は、東日本大震災によってもろくも崩れ去ってしまいました。震災直後には高濃度の放射能が福島第一原子力発電所から飛散し、レベル7というチェルノブイリ原発事故と同程度の世界的にも過去最大レベルの放射能汚染が発生し、約十三万五千人の人々が居住地の移動を余儀なくされました。このような出来事と並行して、国内すべての原子力発電所が耐震性を含めた安全審査を受けることとなり、稼働を停止しました（図35）。

巨大地震に対する安全性のチェックおよび向上などを全国すべての原発に対して行ってきましたが、二〇一五年八月になって鹿児島県にある川内原子力発電所の再稼働がようやくスタートしました。国内原子力発電所四八基のうち二一基が原子力規制委員会に再稼働申請を行っていましたが、川内原子力発電所一、二号基が一番先に承認が得られたのです。福井県の高浜原子力発電所三、四号基はすでに実質的な審査に合格しています。これらの審査にはかなり長い時間がかかっており、再稼働が申請された原子力発電所の多くが再稼働するまでにはまだ数年以上かかりそうです。今後日本の原子力発電はどのような方向に向かっていくべきかは、さまざまな議論がなされており、政治的にも重要な課題となっています。

そこで、本章ではまず原子力発電の基本的な動作の仕組みと、放射汚染による問題点、さらには東日本大震災後の福島原発で起こった出来事と事後の対策などについて、世界の原子力発電所の動向などについて解説いたしましょう（文献(2)(3)）。

原子力発電の原理と仕組み

原子力エネルギーは、原子の質量の一部が失われて別の元素に転換する際に、失われた質量が光エネルギーに変化する現象を利用しています。ウランなどの放射性元素は、ある一定の割合で原子核分裂反応を起こして放射線と光を発生するとともに、別の質量の小さな元素に転換します。ウランは天然に存在する物質ですが、質量数２３８（中性子が多い）

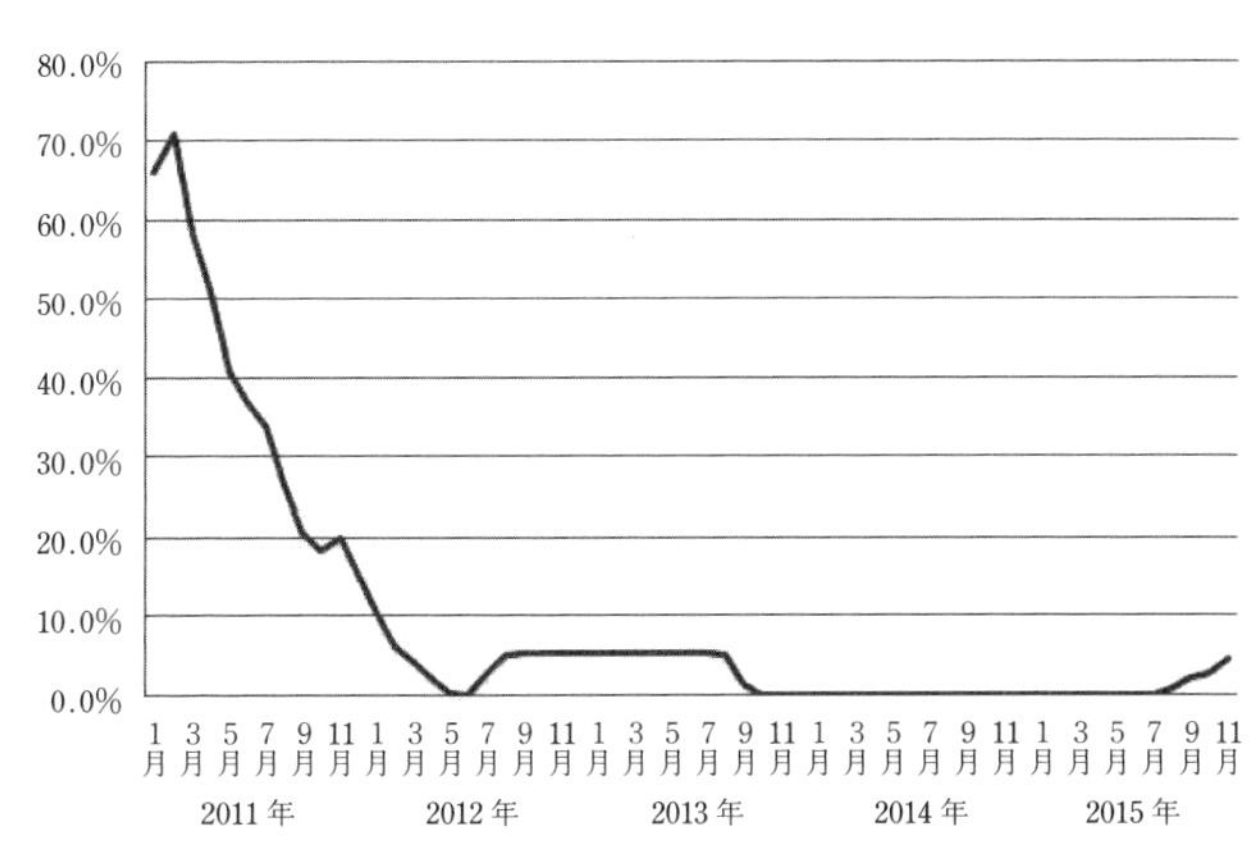

図35　東日本大震災後の日本国内原発の稼働率の推移〔出典：ジャパン・フォー・サスティナビリティ（JFS）WEBサイト(1)〕

と２３５の二種類があります。自然に存在するウラン鉱石はそのほとんどがウラン２３８から成っており、ウラン２３５は〇・七％しかありません。ウラン２３５のほうが核分裂を起こしやすいので、天然に存在するウラン鉱石より、ウラン２３５を三―五％程度に濃縮した核燃料棒を精製して発電に用います。

ウラン２３５の核分裂連鎖反応を図36に示します。ウラン２３５は中性子と衝突すると核分裂反応を起こします。それにはおもに二通りあって、Ａタイプではセシウム（Sc）１３７とルビジウム（Rb）９５に分裂し、同時に中性子三個を放出します。またＢタイプではヨウ素（Ｉ）１３１とイットリウム（Ｙ）１０３に分裂し、同時に中性子二個を放出します。ほかのウラン２３５原子が近くにあると、この放出された中性子がほかのウラン原子に衝突して、核分裂反応を起こします。けっきょくは最初のウラン原子の核分裂反応によって平均して一個よりも多いウラン原子が核分裂反応を起こすと、つぎつぎと核分裂反応を起こすウランの数が増えていき、著しい反応が起きて大量のエネルギーが放出されることになります。これが超臨界の状態と呼ばれ、原子爆弾などはこの超臨界を利用しています。一個のウラン２３５の核分裂によって、平均一個のウラン２３５原子の核分裂が起きている状態は臨界状態と呼ばれ、時間的に変化のない一定の核反応が起き、原子力発電に適しています。

さて、放射能と呼ばれるものには、おもにつぎの四種類あります。ベータ線、アルファ線、ガン

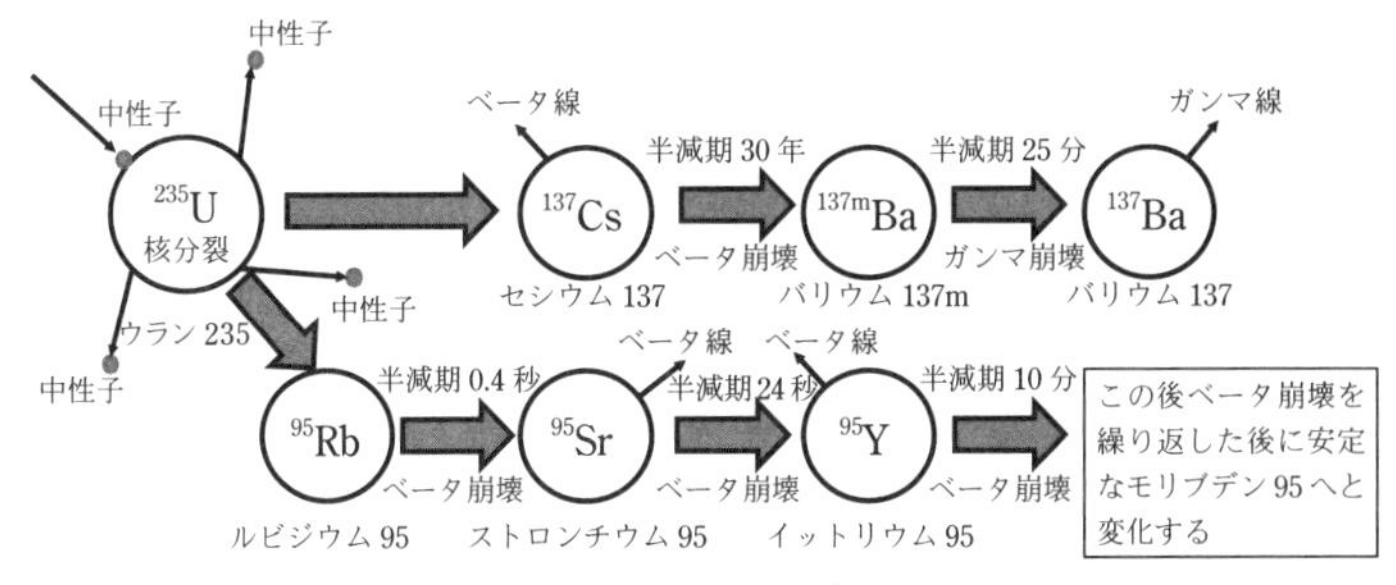

（a）　A タイプ

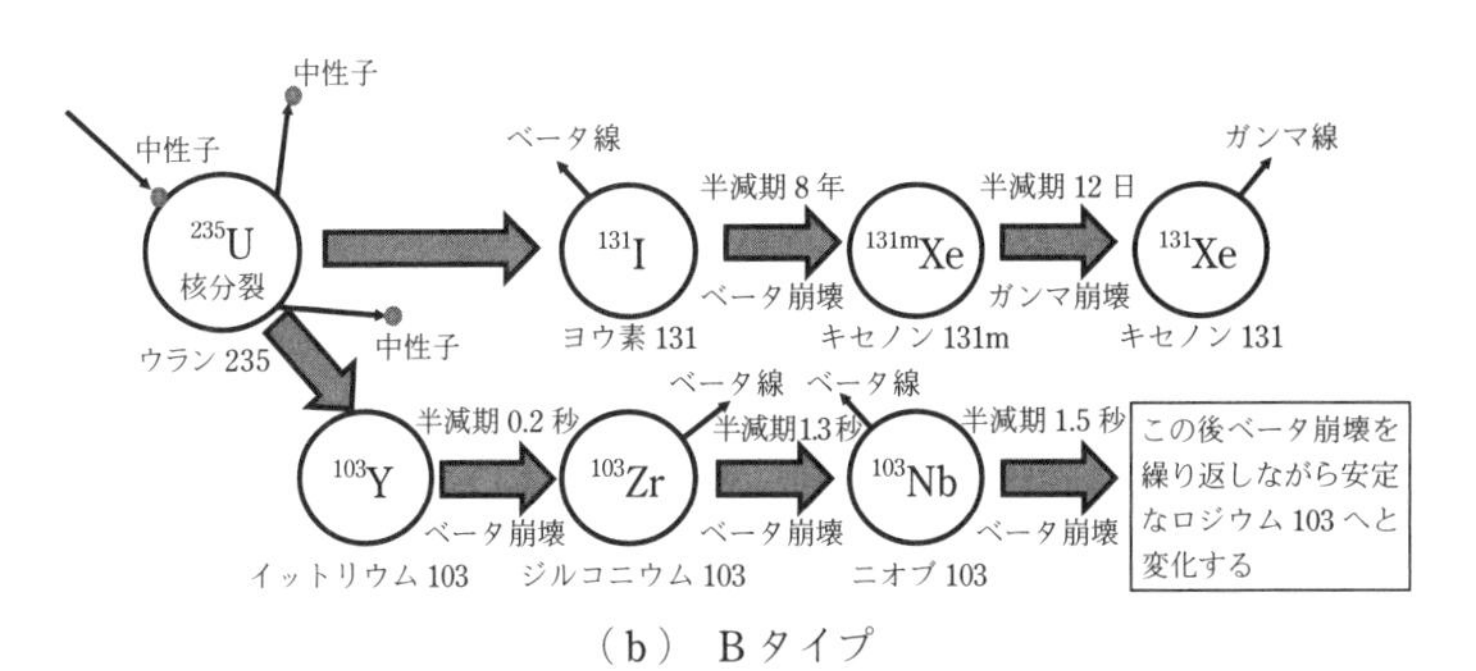

（b）　B タイプ

図 36　ウラン 235 の核分裂連鎖反応〔参考：ニュートン別冊　きちんと知りたい原発のしくみと放射能[(3)]〕

マ線・エックス線、中性子線などです。ベータ線は高エネルギーの電子、アルファ線は高速のヘリウムイオン、ガンマ線・エックス線は短波長の光の一種で、ガンマ線、エックス線の順にエネルギーが大きくなっています。アルファ線やベータ線は物質の透過能は小さく、薄い金属板で遮蔽可能です。一方、ガンマ線やエックス線は透過能が高く、鉛や鉄などの原子番号が大きい金属板の厚めの板で遮蔽可能です。中性子線は、多くの物体を通り抜けるために防ぐのは非常に困難です。厚み数メートル以上のコンクリート壁などで多少は遮蔽することが可能です。

ウラン２３５の崩壊で生成したセシウム１３７原子はベータ線を放出してバリウム１３７ｍに半減期三〇年の割合で変化します（ベータ崩壊）。またさらに、バリウム１３７ｍは半減期二・五分でガンマ線を放出してバリウム１３７に変化します（ガンマ崩壊）。半減期とは放射性原子の個数が自らの崩壊によって半数に減るのにかかる時間です。放射性原子の数は時間に対して指数関数的に減っていきます。放射性原子の個数は、半減期の二倍の時間がたつと（四分の一）に、またの三倍の時間がたつと（八分の一）に減っていくのです。半減期が非常に短いと、核分裂反応が起こってからしばらく時間がたつとほぼ放射能の影響はありません。しかし半減期が数日から数十年の範囲にある元素に関しては、半減期の長さが人間の生活時間と重なる長さとなるので、放射能の影響が強く人間生活に影響を及ぼします。ウラン２３５の分裂反応の連鎖の中で、放射線による人体に被害を与える元素は、先ほど述べたセシウム（半減期三〇年）、とヨウ素（半減期八日間）、キセノン（半減期一二日）などです。また大量に自然界に存在するウラン238に中性子が衝突すると、ウラン239が生成されて半減期二三分でネプツニウム（Np）に、そして半減期二・四日でプルトニウム（Pu）239に変化します。プルトニウムはアルファ崩壊によって半減期二万四〇〇〇年でウラン235に変化しますが、プルトニウムの半減期はかなり長いのでほぼ安定な元素とみなすことができます。

ウラン235の核分裂反応が臨界状態を維持して長時間継続するためには、自然界にあるウラン235の濃度〇・七％では不十分なので、三―五％程度にウラン235の濃度を高めた燃料棒が使用されます。ウラン235の濃度を高めるウラン濃縮技術においては、遠心分離機によって質量数の異なるウランを分離する方法が用いられます。

燃料棒の構造を図37に示します。長さ約四m、一本あたりの太さ約一〇mmの燃料ペレットがジルコニウム製の燃料被覆管に入れられ、多数規則正しく配置されています。また制御棒と呼ばれる板が燃料集合体の中央を仕切っています。制御棒は核分裂反応を媒介する中性子をよく吸収する材料（炭化ホウ素やハフニウムなど）からなっており、制御棒を上下させて核燃料の燃焼度を調整して臨界状態を維持する仕組みとなっています（文献(4)）。

ウラン235の核分裂反応においては、同じ重さの石油から得られるエネルギーの約二〇〇万倍のエネルギーが発生します。資源の効率利用という点では、原子力エネルギーがたいへん優れてい

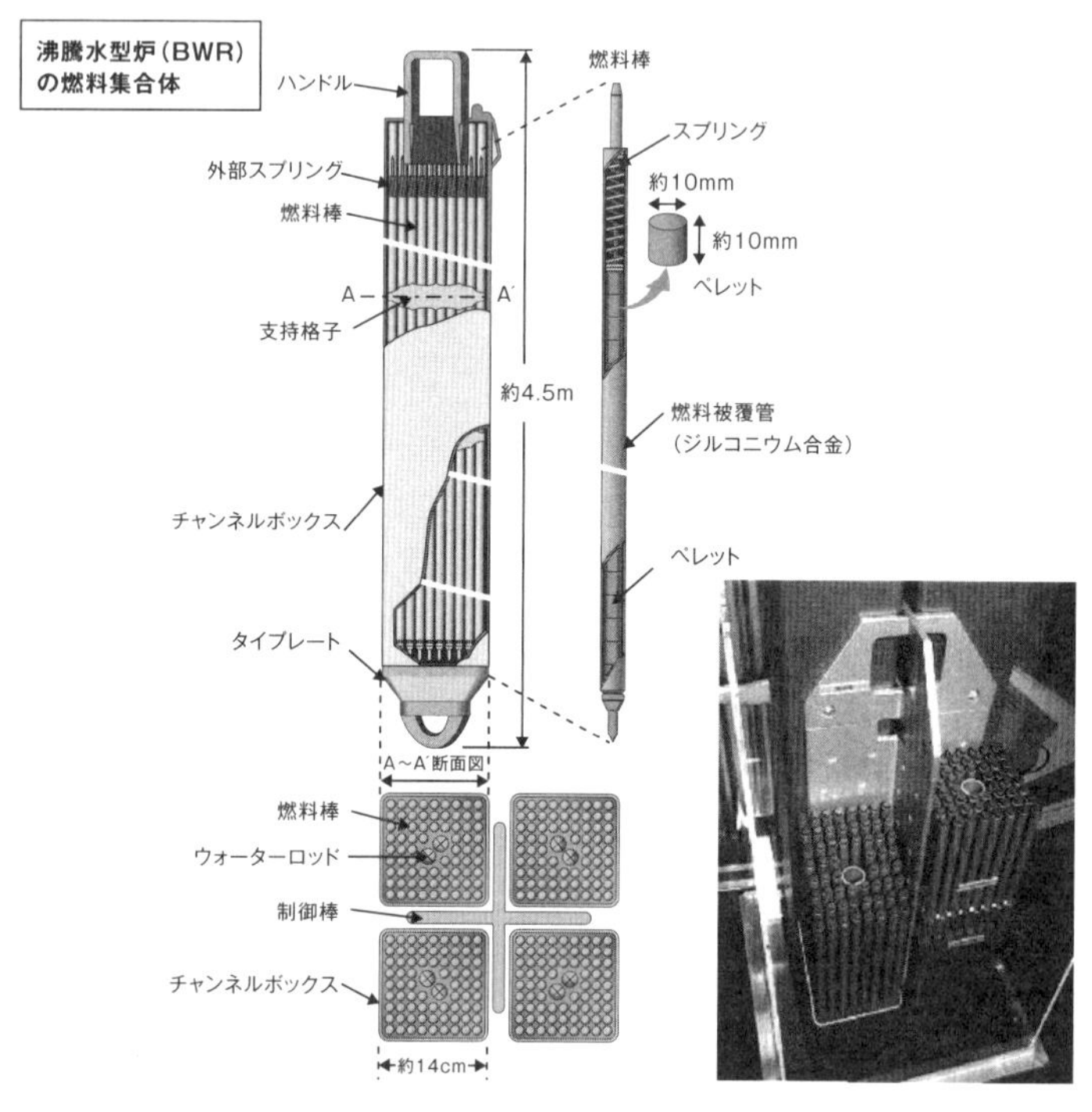

図 37　沸騰水型炉の燃料棒の構造概略図および写真〔出典：資源エネルギー庁、原子力・エネルギー図面集[5]〕

るのは間違いありません。図38に一〇〇万kWの発電量を一年間分生産するのに必要な、濃縮ウラン（ウラン235は三―五%程度）、天然ガス、石油、石炭の量の比較を示します。濃縮ウランが二一トンでしかないのに対し、ほかの化石燃料では一〇〇万トン以上必要であることがわかります。このように、原子力エネルギーは非常に優れたエネルギー発生効率を持っていますし、地球温暖化ガスCO_2の発生もほとんどない、という優れた点があります。しかし、いったん事故が起きると放射能の広範囲な拡散が発生し、近隣住民の長期にわたる避難や甚大な環境汚染問題があることが、二〇一一年の東日本大震災により如実に明らかとなりました。

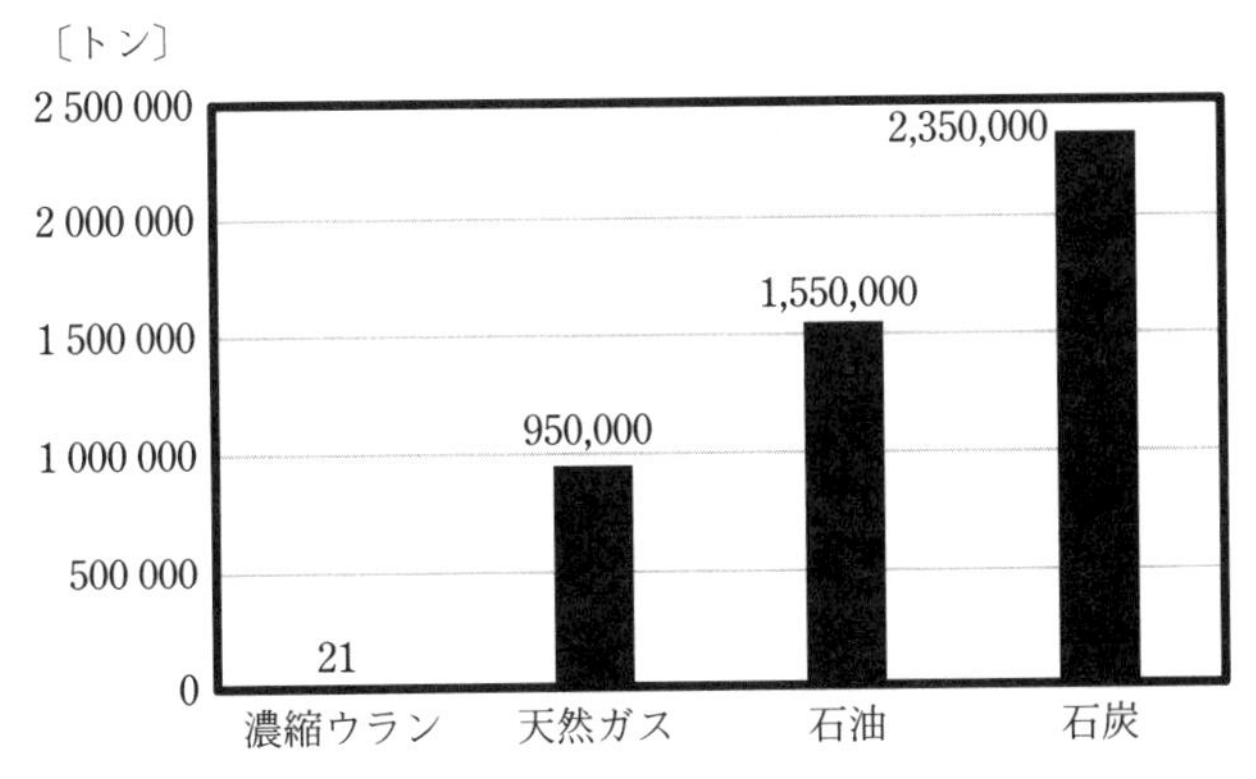

図38 100万kWの発電所を1年間運転するのに必要な燃料の重量の比較〔出典：電気事業連合会、「原子力・エネルギー図面集[6]」〕

放射能漏れによる被害について

福島第一原子力発電所は東日本大震災の大津波によって電源棟が浸水被害を受けて電源を失いました。それが原因で原子炉の冷却水系統が止まり、どんどん炉心の温度が上昇して、水蒸気爆発や水素爆発を起こし、大量の放射能を大気中に放出してしまいました。図39に放射能汚染マップを示します。福島第一原子力発電所から北西の方向に色の濃い部分が斜めに伸びています。これは大震災直後に吹いた風の影響でしょう。福島第一原子力発電所事故で放

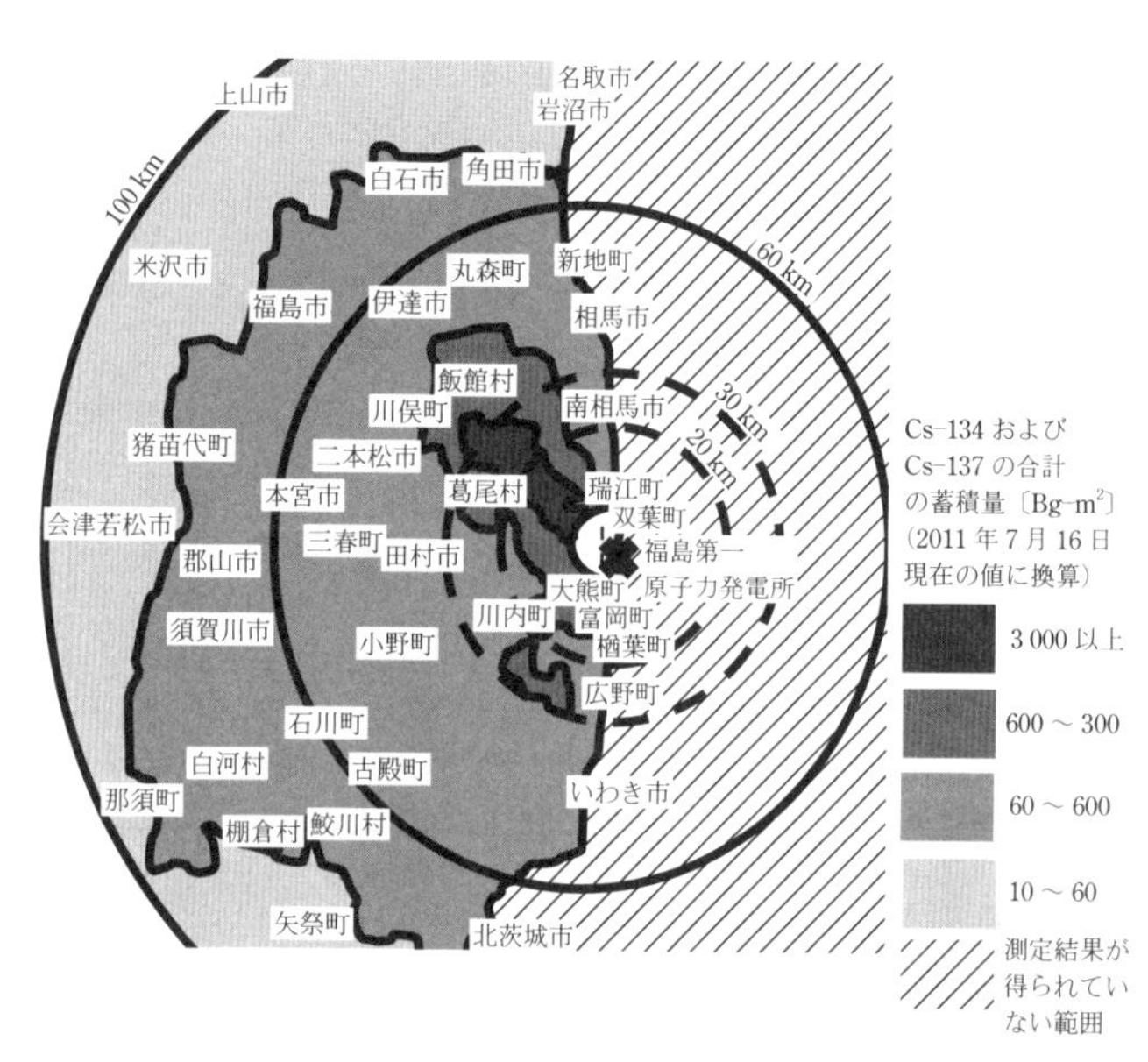

図 39　東北地方の大震災直後の放射能汚染マップ〔参考：原子力規制委員会 WEB サイト[7]をもとに作成〕

出された放射能の総量は、過去最大の旧ソ連のチェルノブイリ原子力発電所事故（一九八六年）に匹敵するレベルであり、国際原子力・放射線評価尺度の最高段階のレベル七に位置づけられています。チェルノブイリ原子力発電所事故では、事故後一〇年たったころから付近の子供たちの甲状腺がんの発症率が高くなったという事例や、事故現地付近で家畜や野生動物の奇形が多数報告されています（図40）。

ここで、放射線の人体への影響を述べるにあたり、放射線の単位について説明します。放射線そのものの量に関してはベクレル〔Bq〕という単位があり、1秒間あたりに放出される放射線の量を表します。つまりベクレルは直接には人体にどのような影響があるかは表していません。放射能の人体への影響は、長期的なものと短期的なものとに大別されます。Svはシーベルトという単位で、人体への長期にわたる影響の度合いを表す量に対応します。一方、グレイ〔Gy〕という単位は、これは人体一kgあたりに受けた放射線量を数値化したものです。グレイは大量の放射線を浴びたときに、急性症状（白血球の減少や臓器や皮膚の壊死）の推定などに用いられます。シーベルトとグレイの間には、次式に示す関係式があります。

（シーベルトの値）＝（グレイの値）×（放射線加重係数）×（組織加重係数）

放射線加重係数は、放射線の種類による影響の違いを反映するための係数で、アルファ線は二〇、ベータ線は一、ガンマ線やエックス線は一です。組織加重係数は体の組織ごとに放射線の影響

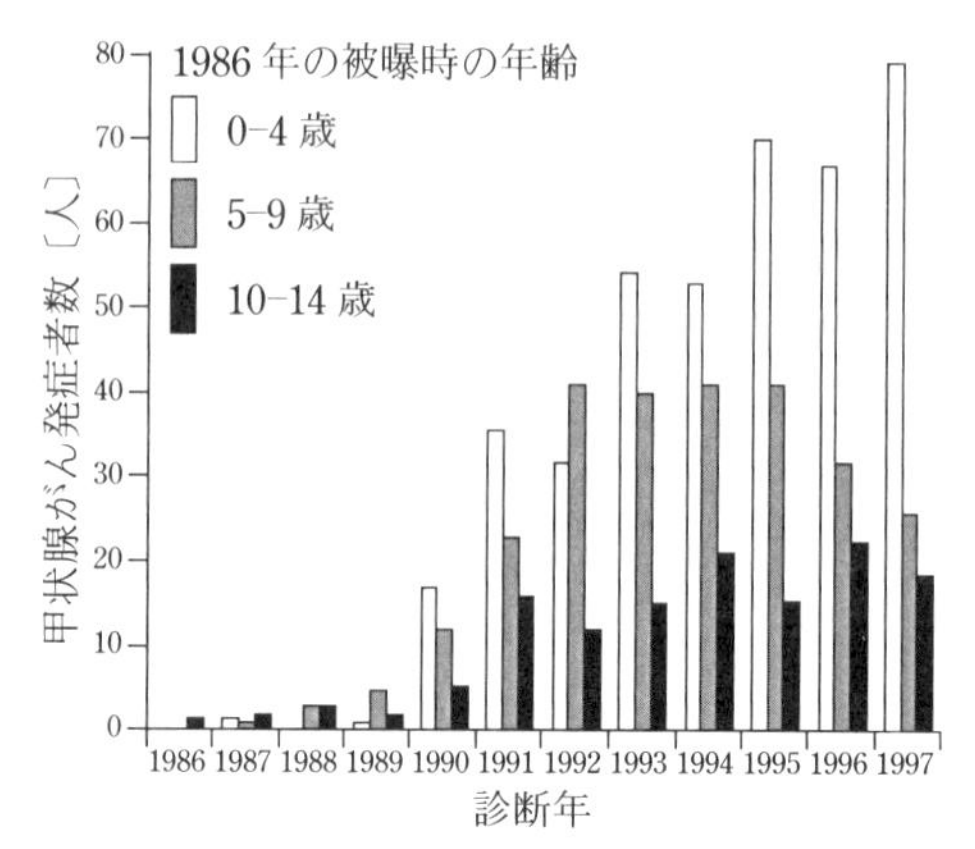

（a） 年齢別の推移

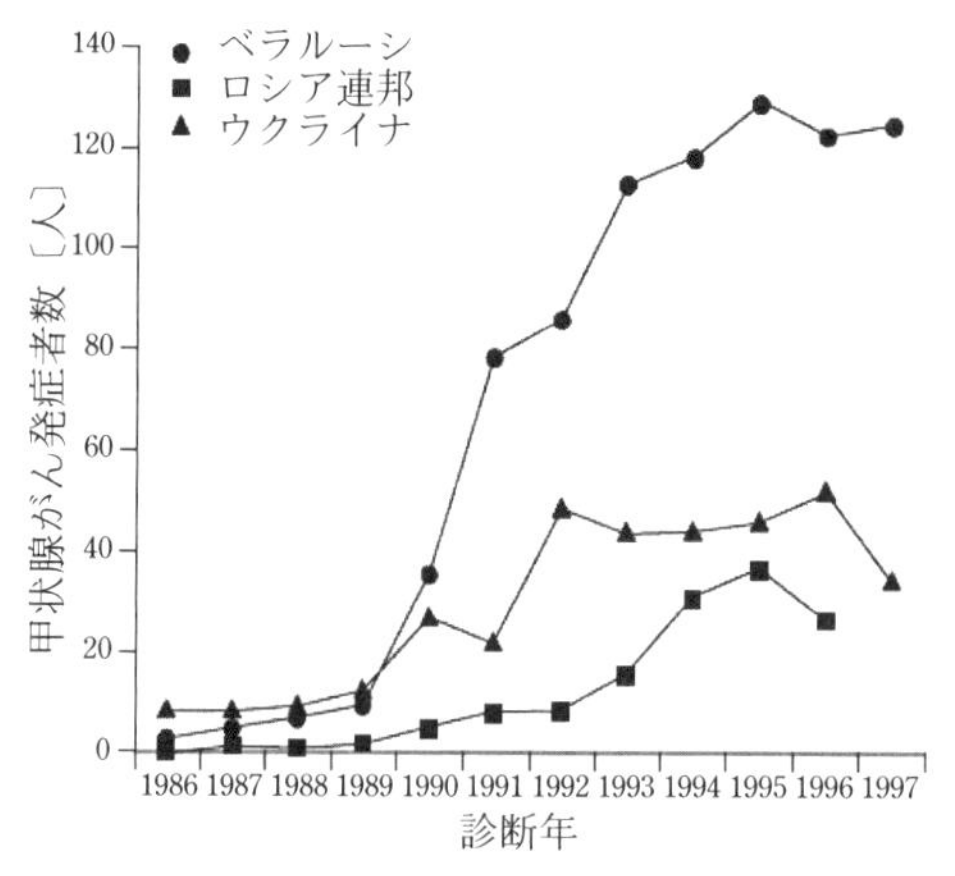

（b） 地域別推移

図40 チェルノブイリ原子力発電所事故（1986年）後の汚染地域における甲状腺がんの発症件数の推移〔出典：UNSCLEAR 2000 Report[(8)]〕Exposures and Effects of the Chernobyl Accident, SOURCES AND EFFCTS OF IONIZING RADIATION, UNSCEAR 2000 Report to the General Assembly, with Scientific Annexes VOLUME II: EFFECTS; ANNEX J

の度合いが異なることを勘案して定められた係数で、骨髄・肺は〇・一二、生殖腺は〇・〇八、皮膚は〇・〇一といった数値になります。放射線量によって人体が受ける影響の典型的な例を表7に示します。福島第一原子力発電所では地下の汚染水中で作業していた人の足に赤い発疹が現れまし

表7　放射線被ばく量と人体症状の関係〔出典元：原子力・エネルギー図面集 2015[9]〕

シーベルト〔Sv〕	人体症状
0.000 1（=0.1 mSv）	胸部X線撮影1回分
0.001（=1 mSv）	宇宙空間で1日に浴びる被ばく量
0.1（=100 mSv）	癌のリスク5%増加
0.3（=300 mSv）	白血球の減少
1	癌のリスク約50%増加
3	卵巣の機能低下
6	多くの臓器の破壊
10	ほぼ致死

（1 mSvは1ミリ（千分の一）シーベルトのことです。）

グレイ〔Gy〕	人体症状
0.1	睾丸が一時的に不妊
0.5	視覚障害、造血機能低下
2～3	骨髄組織の損傷
3	卵巣の機能不全
3～5	皮膚発疹発生
5～8	皮膚やけど
6	多くの臓器の破壊
10	ほぼ致死

たが、三―五グレイの被ばくに相当し、内臓の機能損傷がおきる一歩手前の段階でした。また、過去においては一九九九年に茨城県東海村の日本原子力研究所（JCO）で起きた核燃料加工施設における臨界事故が人体への影響としては最悪の事故でした。一〇―二〇シーベルト程度の放射線（おもに中性子）を浴びた作業員の方が二名亡くなられたのです。

放射線被ばくがどのように人体に影響を及ぼすかは、数シーベルト以下の被ばく量の場合には、個人個人によって症状の現れ方が異なるので、そう単純ではありません。広島や長崎の原爆に被爆された方々の統計調査などから、被爆量に応じて発癌のリスクが高まることが明らかとなりました。表7では、一シーベルトの被ばくで発がんのリスクが約五〇％程度大きくなることが示されています。チェルノブイリ原発事故の事後調査では、事故地域の子供の甲状腺がんを発症する率が四年後以降に急増したことが報告されました（図40下参照）。ウラン二三五の核分裂で生成されるヨウ素が、甲状腺内部に滞留しやすく、それが原因となって甲状腺がんの発症率があがっているのではないかと考えられています。また、甲状腺癌の発症率は、幼い子供ほど大きいことが報告されています。（図40上参照）チェルノブイリ原発事故時に〇―四歳だった子供の発症数は、原発事故後五年程度たってから、目立って増えてきました。しかし、一〇―一四歳だった子供の発症数はそれほど増えてはいません。幼い子供ほど、放射能の影響を大きく受けることがわかってきたのです。

福島第一原子力発電所事故による放射線の飛散は広範囲に及んでいるので、福島県を中心とした地域では今後そのようなことが起きる可能性が十分にあります。岡山大学の津田敏秀教授は、すでに福島地域では甲状腺がんの発症率が上がっているとの報告論文を二〇一五年一〇月に「Epidemiology」という専門雑誌に発表しています。今後数年間でさらに甲状腺がんの発症率が高まる可能性があるので、注意して統計調査を継続していく必要があるでしょう。

さて、福島第一原発事故では図39に示されたように放射能汚染が広範囲に及びました。放射能汚染が高く、一時間あたり一マイクロシーベルト以上の放射能汚染がある地域もかなりの面積存在しています。これは一年間その地域に居住すると、八・八ミリシーベルトの放射線を浴びることを意味しています。汚染度の高い地域では年間一〇〇ミリシーベルトを越えているところもあります。

二〇一一年一二月に原子力対策本部が決定した避難指示地域の条件はつぎのようでした。

・**居住制限区域**：年間積算放射線量が二〇ミリシーベルトを越える恐れがあり、避難継続を求める地域。

・**帰還困難地域**：事故後六年を経過しても年間積算放射線量が二〇ミリシーベルトを下回らない恐れのある、現時点で年間積算放射線量が五〇ミリシーベルトを越える地域。

以上のような居住制限条件によって、居住地を離れて避難した人の数は約一三万五〇〇〇人に達しました。避難指示地域を示した地図を図41に示します。図39と見比べると、放射線量とだいたいの対応があることが確認できます。

原子力発電のコストは本当に安いか　——福島原子力発電所事故の後始末

単位電力当りの発電コストを見積もると、原子力発電は石油を用いた火力発電の約三分の一、風

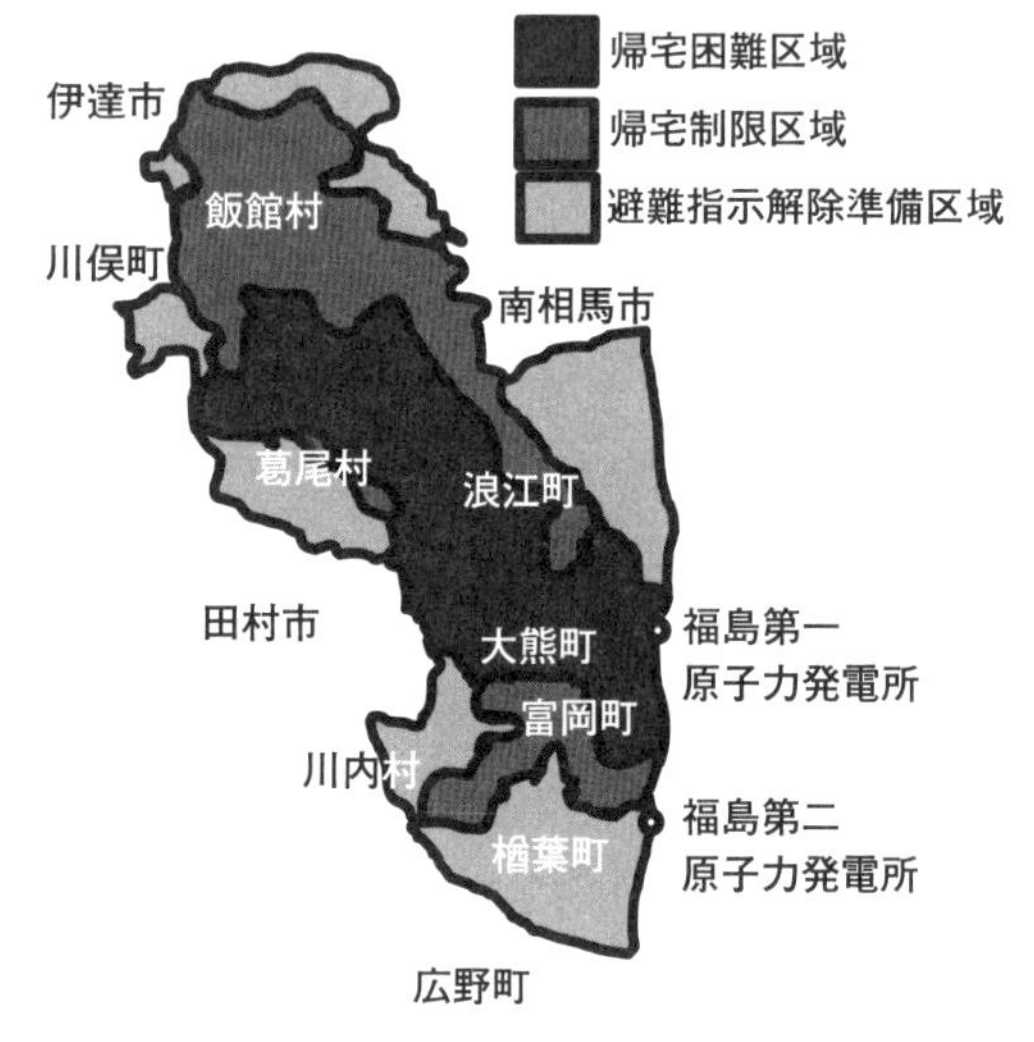

図 41　放射能汚染による避難指示区域
（エネルギー白書をもとに作成[10]）

力発電に比べて約半分程度、と非常に安価であると資源エネルギー庁の原子力・エネルギー図面集で報告されています。しかしこの数字は、特に大きな事故がなくて安定な稼働をしているときの見積もりで得られたものなので、福島原発事故のような場合の事故対応にかかる費用は、コスト計算にまったく含まれていませんでした。

震災から約四年間がたった今日でも、いまだに多くの被災者の方々が元の居住地に戻ることができずに震災復興住宅に居住されていますし、元の土地に戻るのをあきらめて別の地域に移住した人々も多くおられます。福島第一原発からの放射能の拡散が原因となって居住地を離れた人々に対しての補償はだれがどのように支払っていくのでしょうか。東京電力でしょうか、それとも日本政府なのでしょうか。

要賠償額の見積金額は二〇一三年末では四兆六〇〇〇億円と見積もられていましたが、二〇一五年四月には六兆一〇〇〇億円に修正されました。このような多額の補償を東京電力が短期間で支払うのはほとんど無理です。東京電力の二〇一四年度の年間総売上高は六兆八〇〇〇億円でした。補償料は一年間の総売上金額に匹敵しています。そこで、原子力損害賠償支援機構という組織が設立されました（図42参照）。政府は機構に対して国債を交付して資金援助し、機構が東京電力に資金交付を行って、その資金をもとに東京電力が被害者に賠償を支払うという仕組みです。また、金融機関は機構に対して融資を行い、政府がその保証を行うというものです。東京電力は一般負担金および特別負担金として交付された資金を機構に返していくという仕組みですが、はたして六兆円を返済しきることができるかは明確ではありません。

以上のような東日本大震災に伴う放射能拡散による被害の補償まで含んで考えると、原子力発電所事故への対処はたいへんな運転資金が必要であり、一企業が独自で運営できるような代物ではなく、国家の支援がないとできないことが明らかなのです。また、福島第一原子力発電所は廃炉ということがすでに決定していますが、ほかにも国内原子力発電所で建設後四〇年以上を経過しているものも複数あり、原子力発電所の廃炉は重要な課題となっています。福島第一原子力発電所廃炉プロジェクトの「内閣府廃炉・汚染水対策チーム事務局資料」によると、廃止決定から廃止までに三〇―四〇年かかることが見積もられています（表8）。二〇二〇年までに原発内に滞留した汚染水の除去を行い、汚染水の除去が済み次第順次使用済み燃料棒の取り出しを行います。そして「燃料デブリ」の取り出しを二〇二一年に開始します。多少具体的に決まっているのはここまでです。

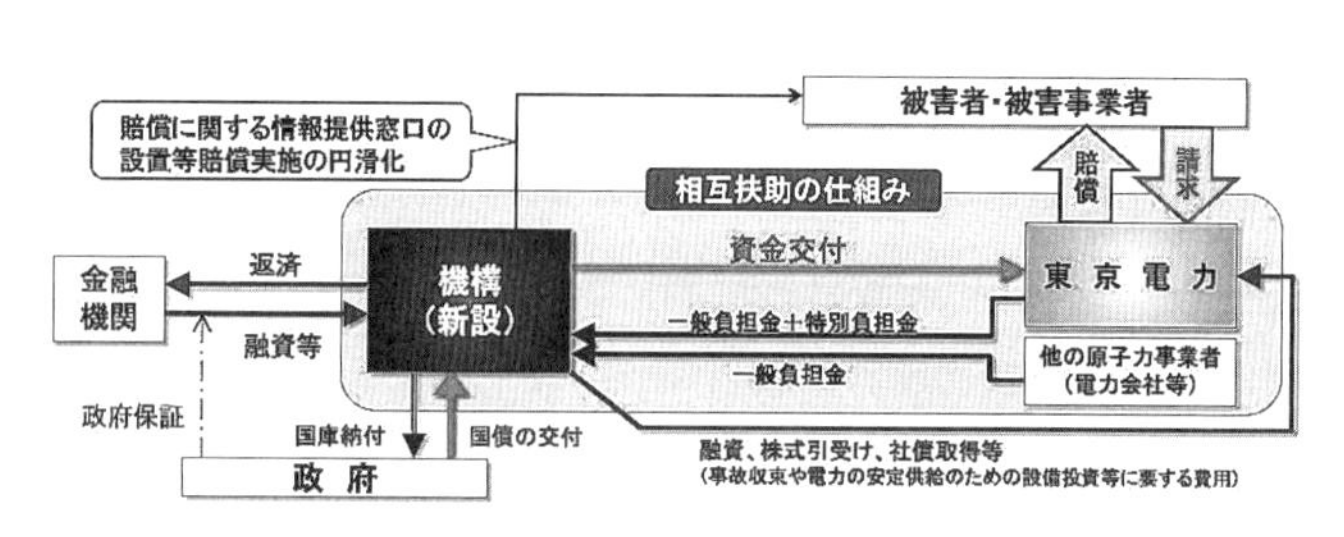

図 42　原子力損害賠償支援機構による賠償支援
〔出典：エネルギー白書 2014[11]〕

燃料デブリとは核燃料とコンクリートや鉄鋼材料などが高熱によって混ざり合ってできた原子炉の残存物を示します。原子炉の炉壁が溶融して、地面下部に約一〇〇トン程度の燃料デブリが形成されている可能性があるので、このデブリの処理はきわめて困難であると想像されます。デブリの処理に関しては、具体的な方法やその予算などに関して、まだ十分な見通しがついていないと言ったほうが良いのかもしれません。

今後の原子力発電政策はどうなるのか？ どうあるべきなのか？

日本国内では、二〇一一年までは総発電量における原子力発電の比率が約三〇%になっていました。資源に乏しく、化石燃料のほとんどを輸入に頼っている日本では、原子力発電を主要なエネルギー源として位置づけてきました。ウラン鉱石もほとんどは輸入しているわけですが、主要なエネルギー源を石油、石炭、天然ガス、原子力燃料（ウラン）、でほぼ均等に分けて輸入している

表 8 福島第一原発廃炉への中長期ロードマップ見直し案の要点（2015 年 6 月）

- 全体廃止措置終了：30～40 年後
- 汚染水対策：建屋内滞留水の処理完了：2020 年内
- 敷地境界の実効線量を 1 mSv/年未満まで低減：2015 年度
- 建屋内滞留水中の放射性物質の量を半減：2018 年度
- 燃料取り出し使用済燃料の処理保管方法の決定：2020 年度頃
- 号機ごとの燃料デブリ取り出し方針の決定：2 年後を目途
- 初号機の燃料デブリ取り出し方法の確定：2018 年度上半期
- 初号機の燃料デブリ取り出しの開始：2021 年内

と、何らかの要因で原料価格が高騰した場合のリスクが分散されて安定供給が維持できるのです。二〇一〇年までは、そのようなことが実現していたのです。しかし、二〇一一年以降は原子力発電のほとんどを停止したので、このバランスは崩れており、天然ガスへの依存度が高くなっています。国内のエネルギー総消費は二〇一一年以降大きく減ったわけではありませんから、輸入する一次エネルギーの量が増えたのは紛れもない事実です。この輸入エネルギー量の増加は、電気料金の値上がりとして消費者に跳ね返ってきており、多くの電力会社で10％前後の電気料金の値上げがなされています。

さて、原子力発電所の再稼働に関しては賛否両論さまざまな意見があり、一口で結論を出すのは困難ですが、自民党政府はある程度の数の原子力発電所を再稼働させる方針を打ち出しています。安倍政権は国内の原子力発電所への方針を決める以前に、日本企業が保有する原子力発電技術のインドなどの開発途上国への輸出の後押しを積極的に行っています。二〇一五年七月に経済産業省は二〇三〇年に向けての長期エネルギー需給見通しを公表しました。その中で、国内総発電量における原子力発電の比率は二〇―二二％を目指すという目標が掲げられています。この数字はかなり大きいとみるべきで、東日本大震災後の原子力発電所の適合性審査を申請している原子力発電所の発電量すべてを足してフル稼働しても、まだ足りないレベルです。二〇三〇年では建設後四〇年を超える老朽化した原子力発電所もかなりの数あってこれらは廃炉せねばなりませんから、むしろ新たな原子力発電所を数か所新設しないと達成できない数字と見て取れます。かなり強力に原発再稼働を推進しようとしているのが、現在の自民党安倍政権の方針と思われます。

ほかの国では、原子力発電所に対してどのような方向で取り組んでいるのでしょうか。図43に主要国の原子力発電設備の現状と将来計画を発電量の形で示します。カナダとドイツは今後の原発の増設の計画はなく、むしろドイツでは二〇一一年に二〇年後の原発全廃を閣議決定しました。日本の一二基新設の計画は大震災の前に決まっていたことですが、この新設を取りやめるという決定はされておらず、議論するのを停止した状態にあります。各国の計画の中で突出しているのが、中国の原子力発電所の増設計画です。現在ある一七基の原子力発電所の三倍以上の五四基を建設する計画があります。ごく最近、中国がイギリスに原発技

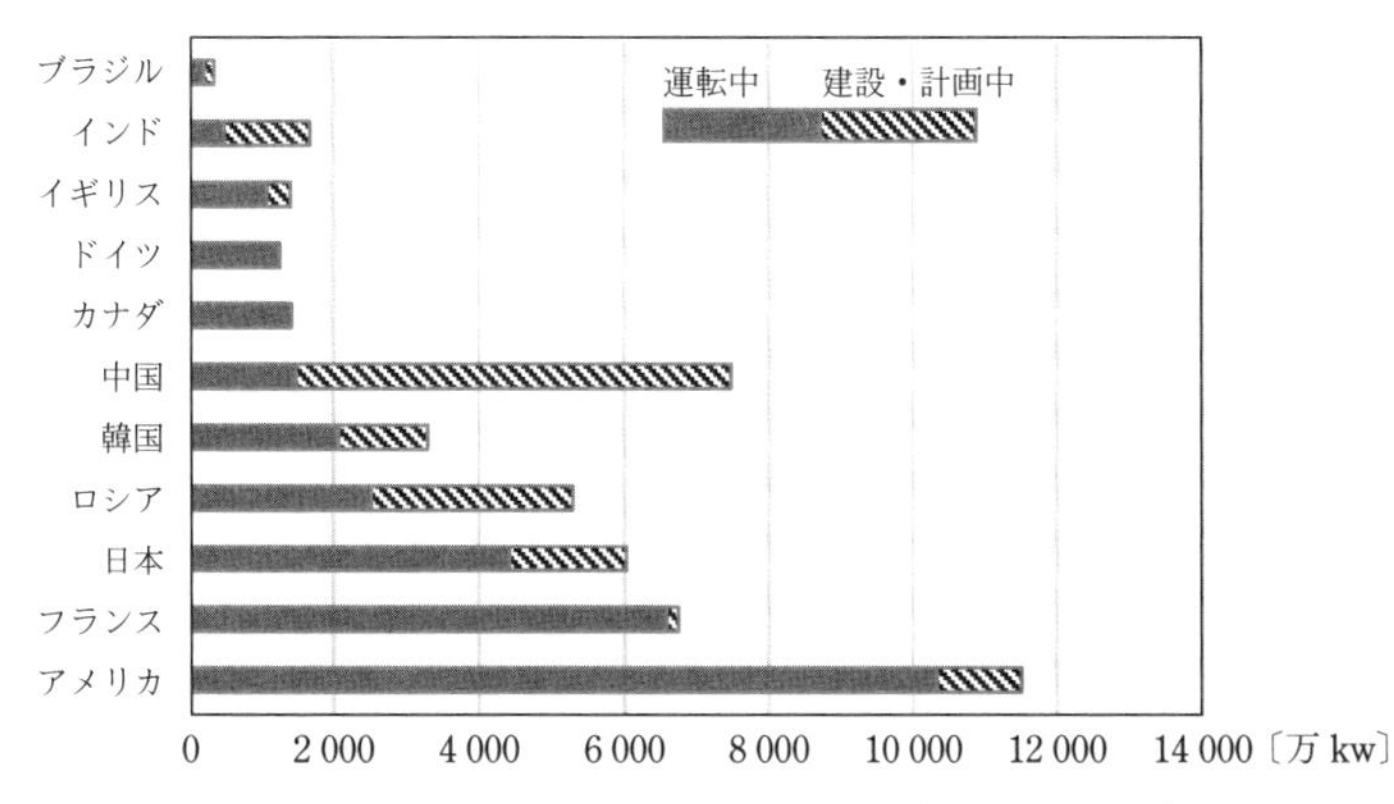

図 43　主要国の原子力発電設備（2014 年 1 月 1 日現在）
〔出典：電気事業連合会、原子力エネルギー図面集[12]〕

術を輸出することが決まりました。はたして中国の原子力発電所は十分な安全性を持っているのでしょうか。地域によっては巨大地震が起き得る国でもあり、万が一に原子力発電所事故が発生したら放射能が拡散して偏西風に乗って朝鮮半島や日本に影響が及ばないとは限りません。すでに中国は米国を抜いて世界最大のエネルギー消費国になっていますが、その一次エネルギーは大半が石炭です。石炭の使用を減らして、原子力発電所の比率を増やせば、中国大都市の深刻な大気汚染は改善される可能性があるでしょう。また、ほかに原子力発電所を大幅に増加する計画があるのは、インド、ロシア、韓国などです。

このような各国の動向を見ながら日本の原発について再度考えてみることは重要です。原子力発電所をすぐさま全廃すべきか、それとも数十年かけて再生可能エネルギー技術を成長させて、ゆっくりと原子力発電所を減らしていき将来的にゼロに持っていくべきか、そのときに石炭、天然ガスなどの一次エネルギーの比率はどうあるべきか？　とさまざまな観点で議論をしていく必要があるでしょう。化石燃料がいずれは数百年以内に枯渇してしまうことが、現実に起こることが予想されています。また南海トラフ地震などの東日本大震災と同レベルの巨大地震も数百年以内には必ず起こるでしょう。これらのことはそれほど遠い先の話ではないので、そのことも見据えつつ国策としての原子力発電所への対処法を真剣に議論せねばならないと思われます。

7　化石エネルギーの消費と地球温暖化問題

世界における化石エネルギーの消費について

図44に世界の総消費エネルギーの年次推移を示します。これはＩＥＡ（International Energy Agency）がまとめた統計資料であるWorld Energy outlook 2015から引用したものです（文献(1)）。ＩＥＡは一九七四年に設立されたエネルギー関係の国際機関であり、おもにＯＥＣＤ加盟国をメンバーに含んでいます。さて、一九七一年から二〇一二年までのエネルギー消費量の統計ですが、総消費量はほぼ直線的に年々増加してきており、一年あたりの平均増加率は五・六％となっています。最近では、二〇〇九年のリーマンショック時にエネルギー消費がやや減少したとき以外は増加し続けています。また、二〇一二年の内訳をみると、石油が圧倒的に多く全体の約五〇％を占めて

います。また、電力エネルギーが占める割合は約一二％です。つぎに石油がどのような用途で使用されたかの比率の年次推移を図45に示します。運輸の使途への比率が年々増加しており、二〇一二年では全体の七割程度を占めるに至っています。これはどのような理由によるのでしょうか。自動車、モーターバイク、船

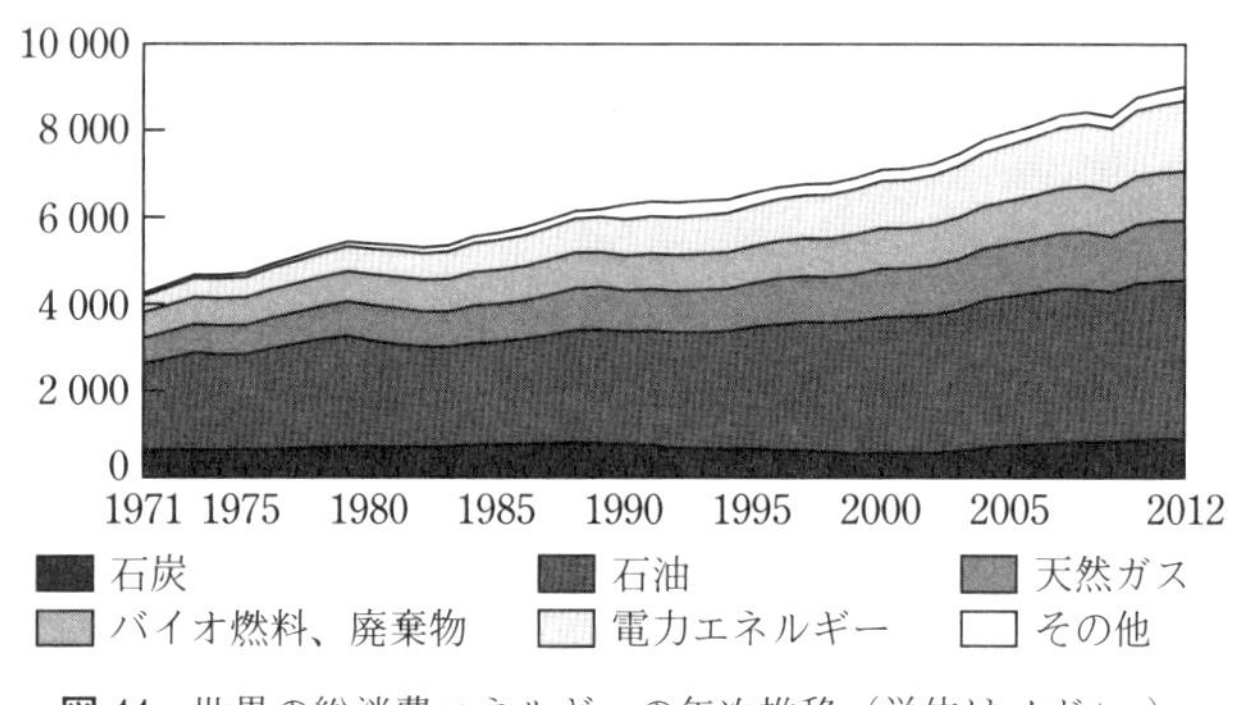

図 44　世界の総消費エネルギーの年次推移（単位はメガ toe）
〔出典：IEA、2014 Key World Energy Statistics(2)〕

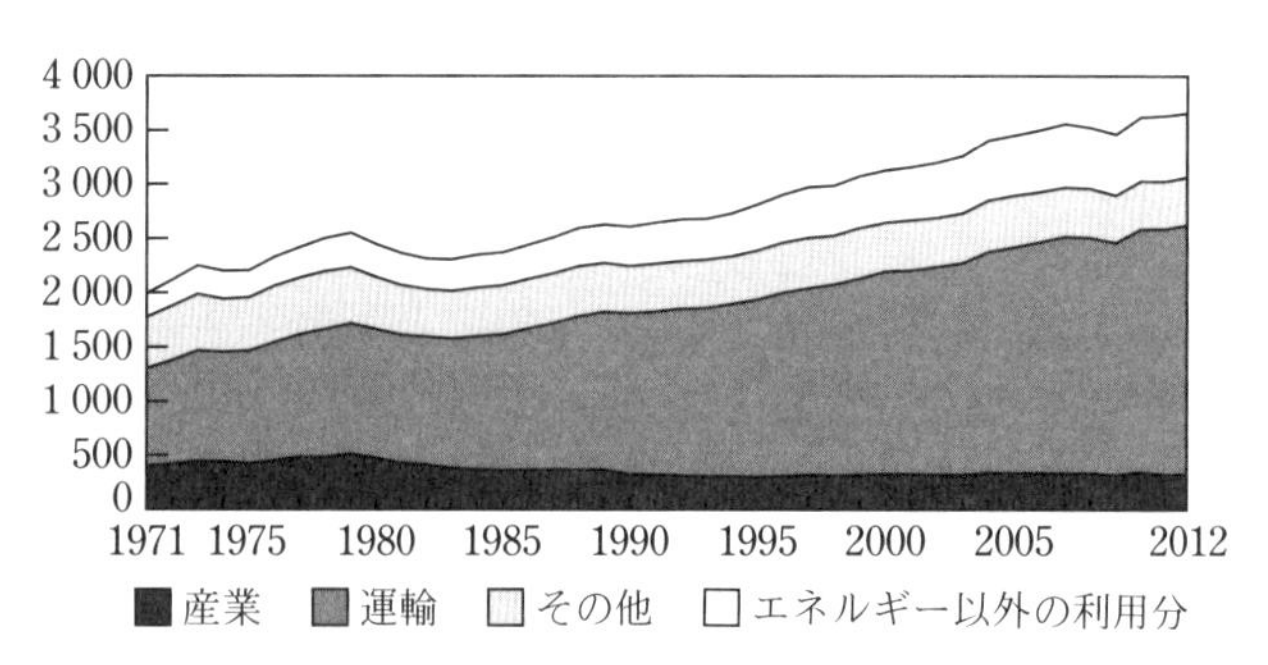

図 45　世界の石油消費の内訳の年次推移（単位はメガ toe）
〔出典：IEA、2014 Key World Energy Statistics(3)〕

舶、飛行機などの輸送機器のほとんどのエネルギー源は石油であり、特に個人が使用する自動車のエネルギー消費量の比率が運輸での使途の大半を占めています。この輸送部分の増加には、開発途上国などで自動車の普及がどんどん進展していることが大きく関与しています。つまり、世界的には自動車の普及がまだまだ不十分な国々がたくさんあるのです。

図46に一人当りの一次エネルギー消費量の国別比較を示します。国土が広いカナダ、米国、ロシアが上位を占めており、またヨーロッパ主要国や日本、韓国などがそれに続きます。近年経済発展が著しい中国はまだ世界平均と同程度であり、また世界第二位の人口を擁するインドは世界平均の三〇%程度でしかありません。今後は、人口が多くまた経済発展が著しい中国やインドに自動車やモーターバイクがさらに普及してくることが予想されており、まだま

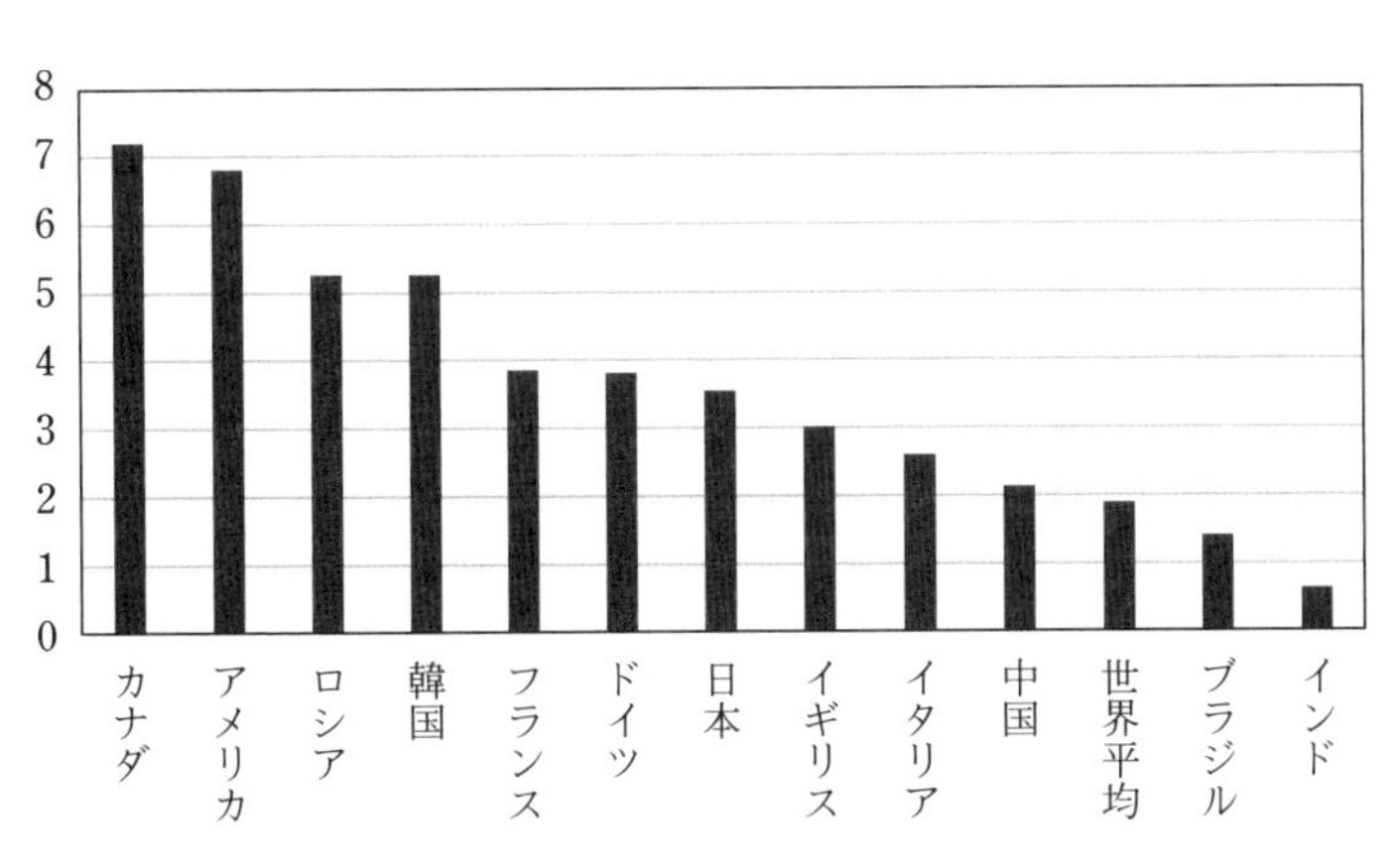

図46　一人当りの一次エネルギー消費量の国別比較（石油換算トン／人）（2012年）〔出典：電気事業連合会、原子力・エネルギー図面集[4]〕

だエネルギーの消費は増えていくことが予想されます。人口が一〇億人を越える中国やインドの経済成長によるエネルギー消費増大は、世界経済やエネルギー市場に大きな影響を与える可能性があります。

図47に世界の石炭（coal）生産の内訳の年次推移を示します。石炭は一九九〇―二〇〇〇年の間は生産量があまり変動せずほぼ一定でしたが、二〇〇〇年頃から著しく増加しています。地域による内訳を見ると、二〇〇〇年以降の増加については中国とアジアがそれを担ってきたことがわかります。特に中国は二〇〇〇年以降の約一〇年間で生産量が三倍程度に増加しています。二〇一三年の時点において、中国の石炭の生産量は全世界の四六％に達しています。この一〇数年の期間に中国が著しい経済発展を遂げてきており、しかもエネルギー源は石炭に大きく依存していたことが、このような年次推移となって表れています。

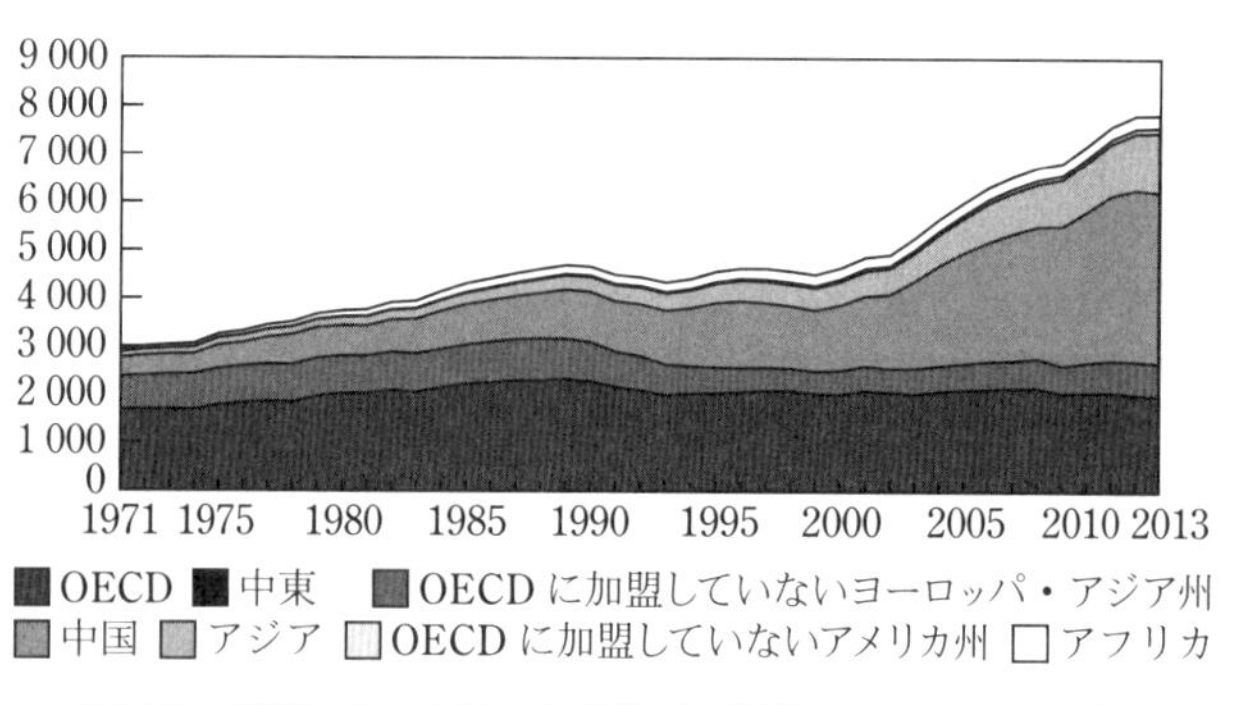

図 47　石炭生産の内訳の年次推移（単位はメガトン〔Mt〕）
〔出典：IEA、2014 Key World Energy Statistics[(5)]〕

エネルギー消費の今後の予想

今後の世界全体でのエネルギー消費はどのように変化していくのでしょうか。ブリティッシュ・ペトロリウム（British Petroleum）社の Energy Outlook 2035 によると、二〇三五年には二〇一五年から約四〇％の増加が見込まれています（文献⑹、図48）。一次エネルギーの構成を見ると、化石燃料がその約八〇％を占めています。二〇一五年の比率は約八四％なので、微減ということになります。再生可能エネルギー（renewable）のある程度の成長が見込まれていますが、二〇三五年においてもその比率は一〇％以下です。これからの二〇年間は、アジア・アフリカ・中南米の開発途上国の経済成長が見込まれていますから、開発途上国ではまずは技術力をあまり必要としない化石燃料を主エネルギー源として成長することが予想されます。ＯＥＣＤ加盟国ではエネルギー消費量は微増でしかありませんが、開発途上国が多い非ＯＥＣＤ加盟国では急速にエネルギー消費量が増大する様子が図（b）から見て取れます（文献⑺⑻）。

化石燃料の埋蔵量について

これまで紹介してきたように、現代社会では八〇%以上のエネルギー源を石炭や石油、天然ガスといった化石燃料に依存して人類は経済活動を営んでいます（文献(10)）。しかし、これらの化石燃

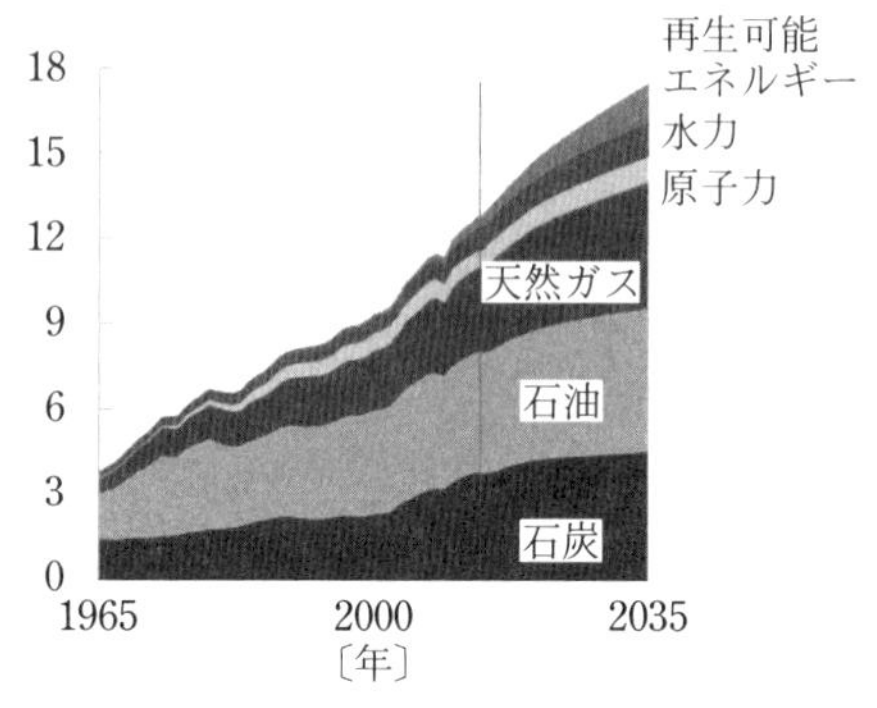

（a） 各一次エネルギー別の推移

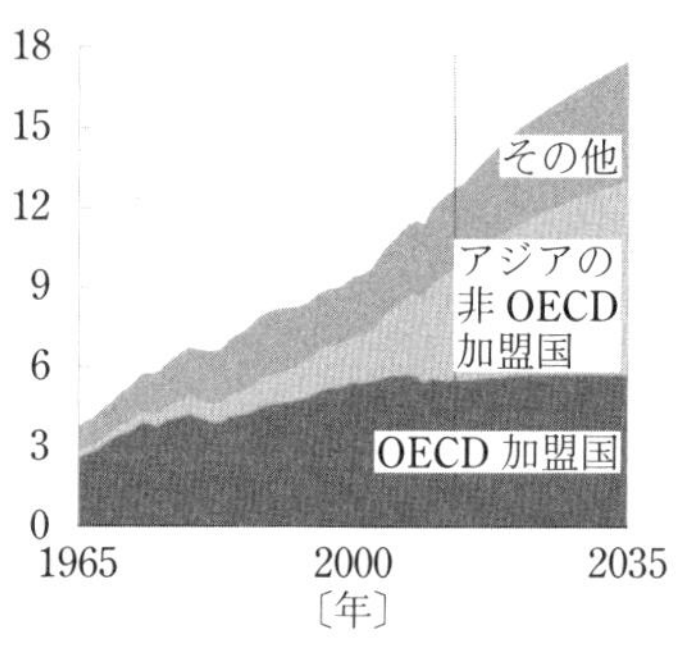

（b） OECD、非 OECD 別の推移

図 48 世界の全エネルギー消費量の推移予想（単位は Billion toe＝テラ toe＝10^{12} toe）〔出典：BP、Energy Outlook 2035[9]〕

料が枯渇するのはそれほど先の話ではないと推測されています。表9に化石燃料の推定埋蔵量をその年の年間生産量で割って、可採年数を調べた結果の一九九三年と二〇一一年の比較を示します。石油と天然ガスの可採年数は一九九三年から一八年後の二〇一一年になっても大きくは変化していません。正確にいうと、石油は四四年から五六年へと少し伸びて、天然ガスは六五年から六〇年へとやや減っています。また年間生産量は石油では二五％、天然ガスでは六一％増加しています。可採年数が一八年分減らない理由は、ある割合で新たな石油や天然ガスの埋蔵が確認されて推定埋蔵量が増加しているからにほかなりません。実際一八年間で、石油の推定埋蔵量は五九％、

表9　世界の化石燃料の埋蔵量と可採年数の1993年と2011年の比較
〔出典：world energy council 2013, world energy resourcesより作成[11]〕
※ bcm＝10億 m^3（billion cubic meter）

（a）　1993年

	推定埋蔵量	年間生産量	可採年数
石　油	140 676〔MT〕	3 179〔MT〕	44.3
石　炭	1 031 610〔MT〕	4 474〔MT〕	230.6
天然ガス	141 335〔bcm〕	2 176〔bcm〕	65.0

（b）　2011年

	推定埋蔵量	年間生産量	可採年数
石　油	223 454〔MT〕	3 973〔MT〕	56.2
石　炭	891 530〔MT〕	7 520〔MT〕	118.6
天然ガス	209 742〔bcm〕	3 510〔bcm〕	60.0

天然ガス推定埋蔵量は四八％増加しているのです。これに対して、石炭は推定埋蔵量が一四％減少し、可採年数が二三〇年から一一八年へと大幅に短くなりました（文献⑿）。年間生産量が六八％増加しているのです。

この主要因は、図46でも示されたように中国の石炭使用量が二〇〇〇年以降著しく増えたことであるのは明らかです。中国は最近十数年間に著しい経済発展を遂げていますが、そのために石炭を大量に消費していて、それが世界全体の石炭の可採年数を短縮しているのです。また、中国の大都市では深刻な大気汚染が発生して大きな社会問題になっていますが、そのおもな原因が石炭の大量消費にあると言っても間違いないでしょう。

さて、石油と天然ガスに関しての新規に発見

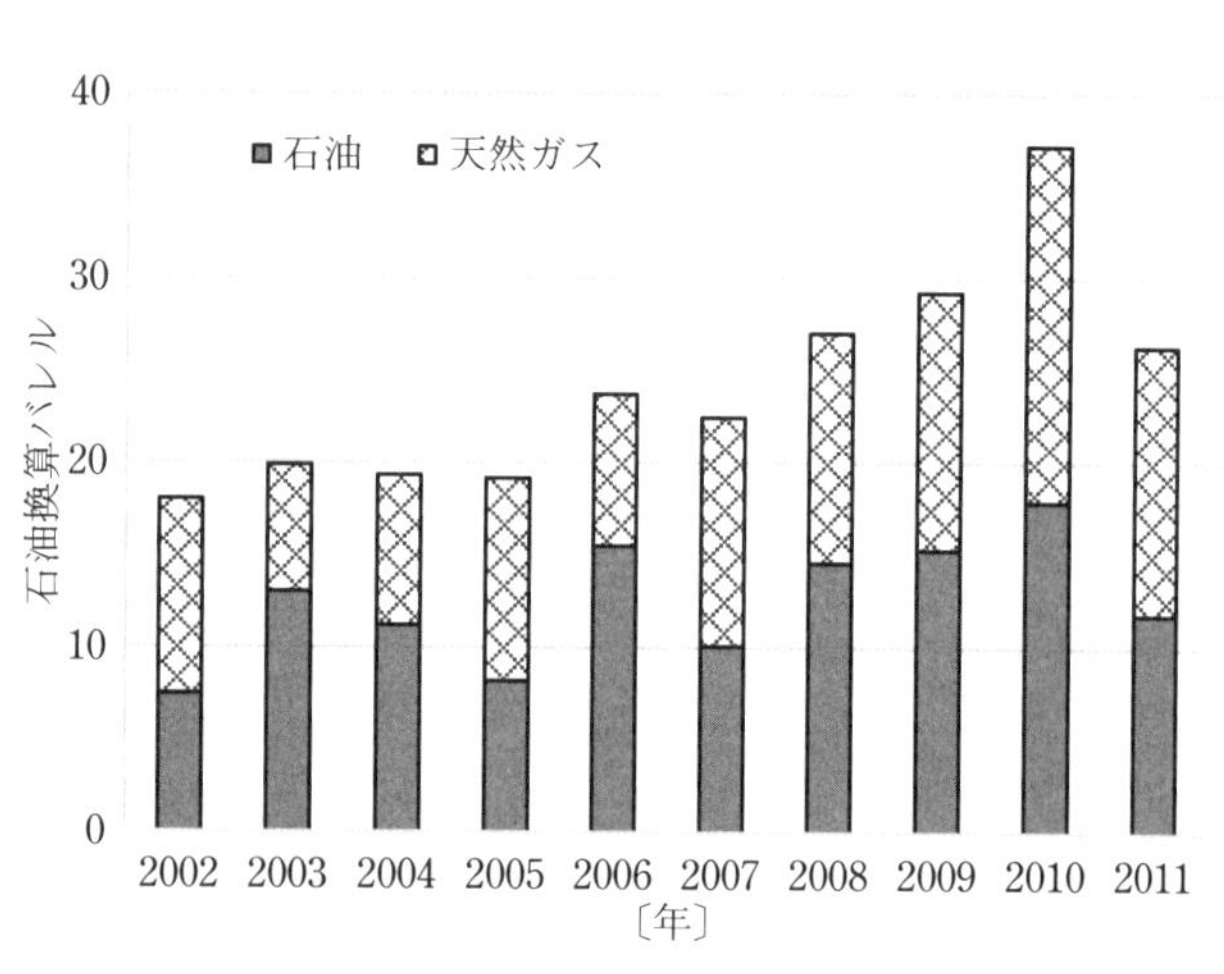

図49　新規に発見された石油・天然ガス埋蔵量の年次推移〔出典：World Energy Resources 2013、world energy councilより作成[13]〕

された埋蔵量の年次推移を図49に示します。年ごとにばらつきはありますが、新規の埋蔵の発見は増加する傾向が見て取れます。その背景にはいろいろな検査技術の進歩によって、地中より深い場所にある鉱床の発見が可能となってきたことが挙げられます。しかし、だからと言って安心することはできません。図48に示した世界の全エネルギー消費量の増加はこのような埋蔵量の増加傾向を越えた勢いで進んでいるからです。なお、ごく最近になって米国で地中深くの岩脈中に含まれたシェールガスを採掘する技術が開発され、その埋蔵量は全天然ガス埋蔵量の数十%に達することが報じられています。ただし、シェールガスの採掘には大量の水を必要とするために、大量の汚染水が引き起こす環境問題が懸念されるなどの問題もはらんでいます。

地球温暖化ガス CO_2 排出の問題

大気中に存在する二酸化炭素（CO_2）ガスが、地球温暖化の原因であるという説が世論の主流となっています（文献⒁）。地球の温暖化に関しては賛否両論があるので次節でもっと詳しく述べることにいたしますが、ここではまず CO_2 原因説の根拠の一つとなるデータを図50に示します。この図は人工衛星によって観測した、地球が宇宙に放射する光のスペクトルを示したものです。図の横軸は波数（波長の逆数）、縦軸はその波数での単位時間・単位面積当りの光強度（分光ラジアン）

を示しています。地球の表面の平均温度は絶対温度で二九〇度〔K〕付近ですが、この図には三二〇Kでの大気による光吸収がない場合の光強度分布が点線で示してあります。この点線はプランクの理論による黒体輻射スペクトルと呼ばれるもので、ある波長にピークを持った滑らかに広がった分布曲線となっています。光を放射する物体の表面温度が高いピークは単波長側にシフトします。実測値ではいくつかの波数領域でプランクの理論曲線から下方に凹みができています。波数六〇〇—七〇〇 cm^{-1} での凹みは大気中に存在する CO_2 による光吸収によってできたものであり、また一〇〇〇—一一〇〇 cm^{-1} の凹みはオゾン（O_3）による吸収、また一二〇〇 cm^{-1} 以上では水分子（H_2O）による吸収によるものです。この図より、CO_2 による

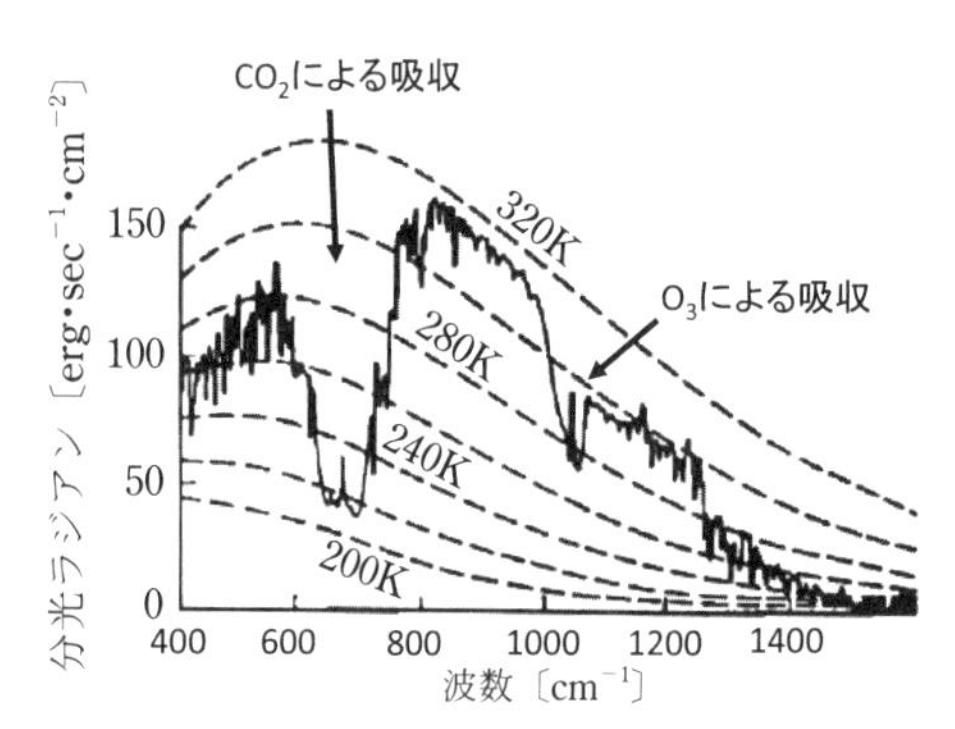

北アフリカでの高度約100kmでの衛星による観測値です。横軸の単位は波長の逆数であり、波数と呼ばれる量です。縦軸は光強度の波数分布（分光ラジアン）です。波数成分の600～700 cm^{-1} の領域に大気中の CO_2 による吸収がはっきりと認められます。

図50　地表から宇宙に放出される赤外光のスペクトル
〔出典：R.A.Hanel *et al.*[15]〕

吸収がかなり大きいことが見て取れます。地球から宇宙空間に放出される光エネルギーの一部が大気中の CO_2 分子によって吸収されるということは、地球の大気に熱エネルギーが蓄積するということを意味するので、温暖化をもたらすということになるのです（文献⒃）。

化石燃料は炭素を含む有機物からできているので、燃えると CO_2 を大量に出します。世界の化石燃料消費による CO_2 放出量の年次推移（一九七一―二〇一二年）を図51、図52に示します。一次エネルギー別の年次推移の比較（図51）では、石油、天然ガス、石炭いずれも増加していますが、中でも石炭による CO_2 増加傾向が二〇〇〇年以降に目立って大きくなっていることがわかります。また、地域別の年次推移（図52）においては、ＯＥＣＤは四〇年間で微増ですが、中国では二〇〇〇年以降は目立って増加していることがわかります。このような統計評価より、改めて二〇〇〇年以降の中国での大量の石炭消費が大量の CO_2 増加を生み出している主要因であると結論づけることができます。もちろん、中国以外の開発途上国においても一次エネルギー源の消費増大に伴って、CO_2 排出の増加が見られるのですが、量的に中国の排出量は突出しています。

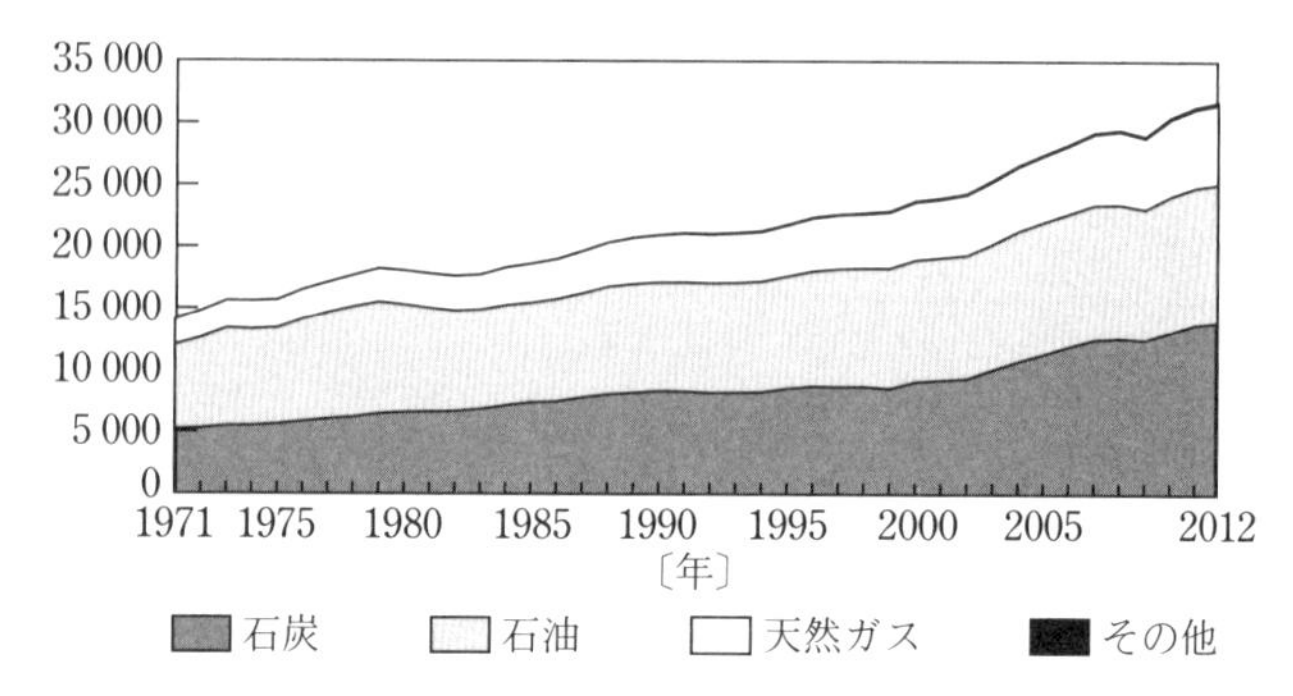

図 51　世界の化石燃料消費による CO_2 放出量の年次推移：一次エネルギー別比較（単位はメガトン〔Mt〕）〔出典：IEA、2014 Key World Energy Statistics[17]〕

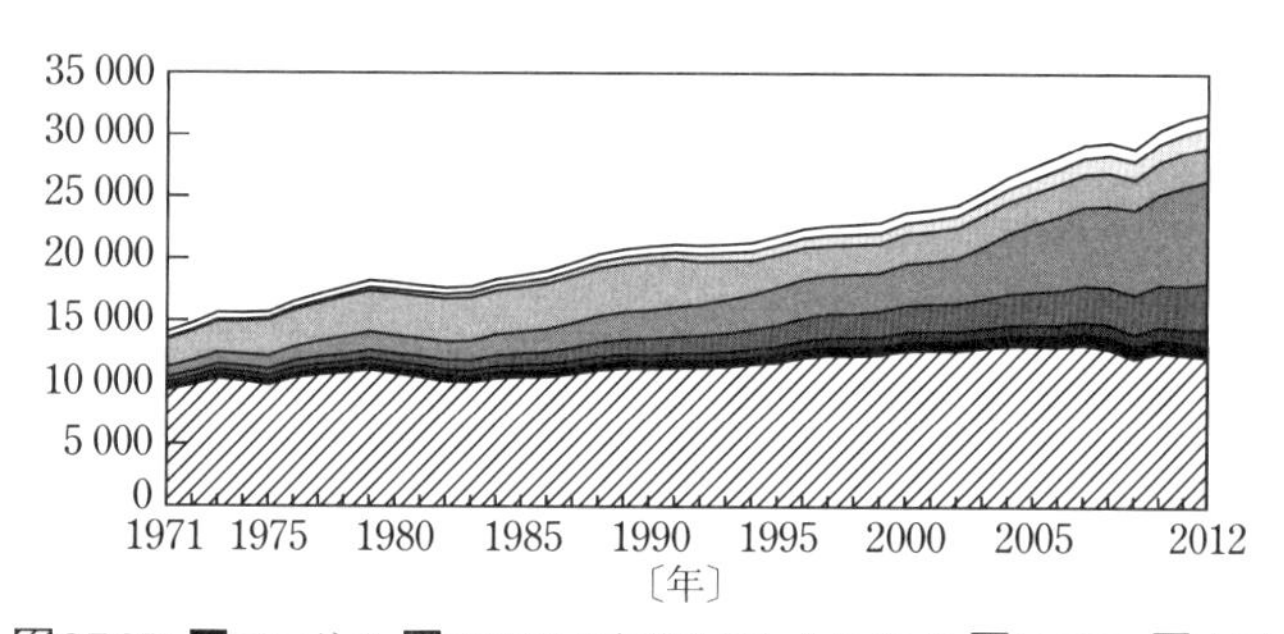

図 52　世界の化石燃料消費による CO_2 放出量の年次推移：地域別比較（単位はメガトン〔Mt〕）〔出典：IEA、2014 Key World Energy Statistics[18]〕

地球温暖化とCO_2削減をめぐる話題

最近は「地球温暖化問題」と「CO_2排出削減」という二つのキーワードが、テレビや新聞のニュース欄などで頻繁に出てくるようになりました。メーカーなどの企業も自社の宣伝活動で「わが社はCO_2削減に貢献しています」、などという時代になりました。地球温暖化という言葉は、わが国においては京都議定書が締結された一九九七年頃より、社会全体で認知されるようになりました。

地球温暖化に関してのことの起こりは、一九八八年の米国議会における大気科学者ジェームズ・ハンセンの証言に端を発します。ハンセンは「大気中のCO_2濃度増大によって地球が温暖化に向かっているのではないか?」という研究論文を一九八二年にサイエンスという権威のある科学専門誌に掲載しました。それが少しずつ反響を呼んだ結果として、米国議会での証言を求められるに至ったのです。この証言以後は急速に地球温暖化への問題意識が世界中に拡大しました（文献⒆）。

ハンセンが地球温暖化を指摘した問題のグラフを図53に示します。これは、最初の発表図面に最近のデータを加えた最近のグラフです。一八八〇年頃から二〇〇〇年に至るまでの期間において、地球の平均気温が約〇・八℃上昇したことを示しています。

彼はこの気温上昇が温室効果ガス（特に CO_2）の影響によるものであることを主張しました。さらには、このままの速度で気温が上昇すると、南極の氷が解け、海面付近にある多くの都市が水没するのではないか、という予測などがさまざまな研究機関から報告されました。

そこで、地球温暖化問題を扱う国際的な組織としてIPCCが一九八八年に世界気象機関（WMO）と国連環境計画（UNEP）がバックアップする形で設立されたのです。IPCCとはIntergovernmental panel on climate change、「気象変動に関する政府間パネル」の略称です。また、トロントにて開催された会議で、二〇〇五年までに CO_2 排出量を一九八八年の二〇%減にしようという目標が設定されました。一九九七年の地球温暖化防止京都会議にて「京都議定書（Kyoto Protocol）」が締結されたのです。この京都会議はCOP3に位置づけられたものです。

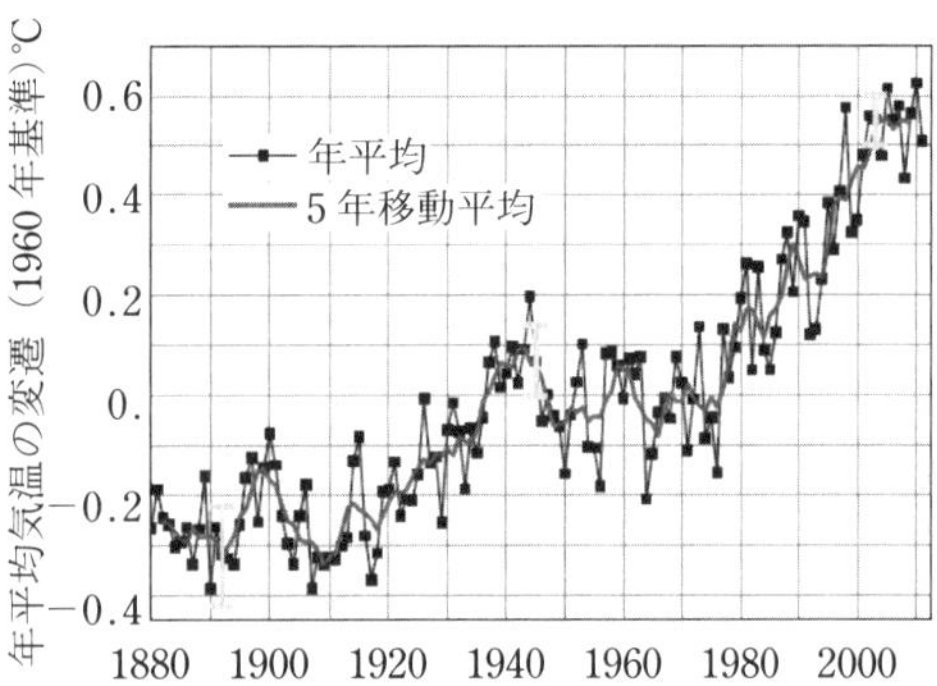

京都議定書では、二〇〇八年―二〇一二年の実施期間に、温室効果ガス排出を一九九〇年と比べて少なくとも五%削減することが決議されました。そのために、欧州連合国一五か国は八%減、米

図 53　地球の平均気温の年次推移〔出典：Hansen *et.al*: Rev. Geophys. 48, RG4004 (2010)[20]〕

国は七％減、カナダ・日本などは六％減、ロシア・ウクライナはゼロ％などといったそれぞれの参加国の状況を考慮した数値目標が設定されました。しかし、開発途上国の多くは参加しておらず、特にすでにCO_2排出大国になりつつあった中国が参加していないという問題がありました。また米国は当初は参加予定でしたが、京都議定書の受け入れを拒否しました。ロシアはしばらく議定書の受け入れに躊躇しましたが、二〇〇四年に受け入れて、けっきょく京都議定書が発効したのは二〇〇五年二月でした。世界最大のCO_2排出国である中国、また第二位の排出国である米国が参加していない京都議定書は、世界全体のCO_2削減を目指す仕組みとしては片手落ちであったことは否定できません。また日本はこの六％削減という目標を守ろうとしていましたが、現実には厳しく、さらに二〇一一年の東日本大震災後は原発がほぼ全面的に停止して化石燃料を用いる火力発電の比率が高まったので、今日ではCO_2削減の目標からは大きく遅れを取っています。

さて、ここでもう一度CO_2と地球温暖化について考えてみましょう。図54に地球温暖化ガスの過去二〇〇〇年にわたる大気中濃度の経年変化を示します。これはＩＰＣＣがまとめた報告書に記載されているものですが、産業革命が始まった十八世紀頃から温暖化ガスの濃度が増加し始め、二十世紀には右上がりで急速に増加していることが示されています（文献(21)(22)）。

さらに、ＩＰＣＣは平均海面水位および北半球積雪面積の年次推移もデータ化して二〇〇七年に発表しています（図55）。世界平均海面水位は最近一五〇年間の間にじわじわと一七〇mm程度上昇しており、また北半球積雪面積はやや減少傾向となっています。IPCCからの調査報告書は定期的に発表されていて、WEBサイトからもダウンロードできるようになっていますが、そのほとんどは地球温暖化が温室効果ガスの濃度増加により進行しているという考え方を裏付けるものばかりです。ここで注意したい点は、温暖化の進行がそこまで激しいかどうか、まだ断定できないという立場の科学者もかなりいるということです。

アラスカ大学元教授で大気気象学の権威だった赤祖父俊一氏は、科学者の立場からは温室効果ガス濃度の増加が地球温暖化を進行させるとはそう簡単には結論できないことを著書で述べておられます。

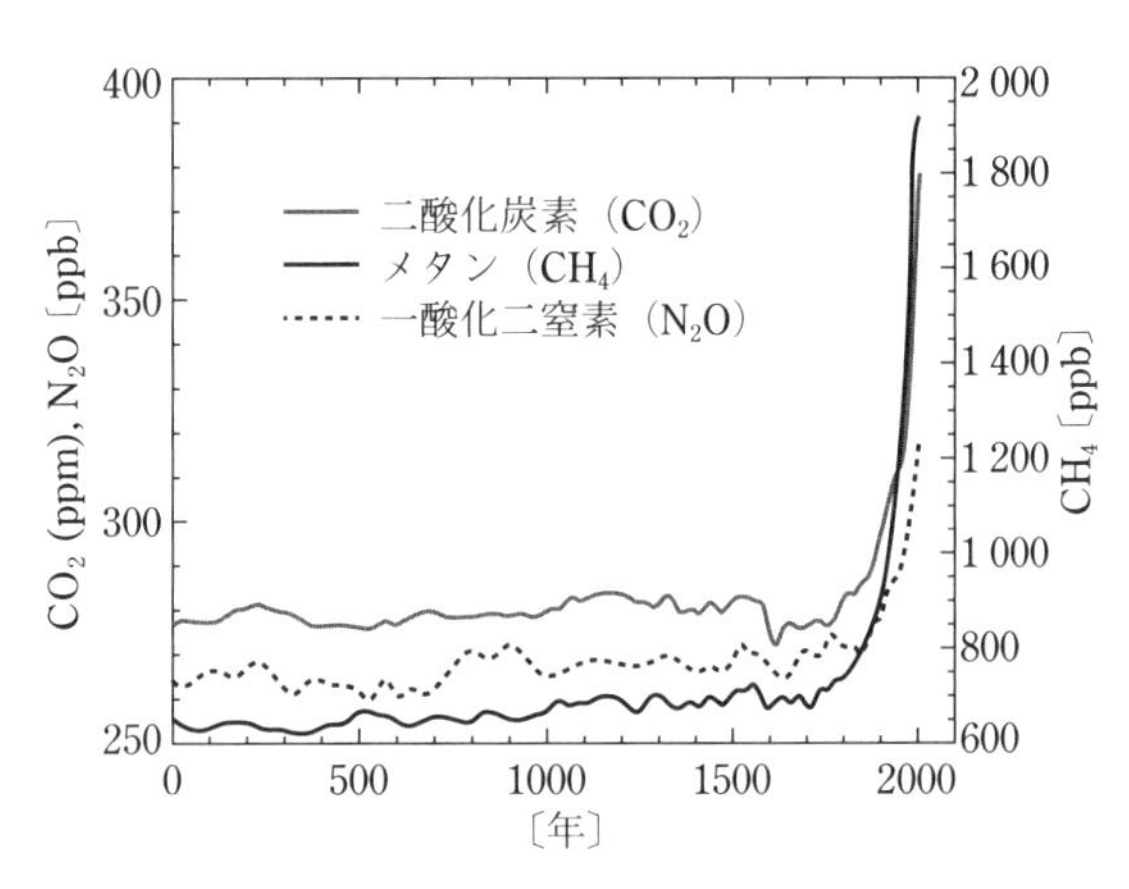

※ ppb＝parts per billion（10 億分の 1）
ppm＝parts per million（100 万分の 1）

図 54 温室効果ガスなどの大気中濃度の変化〔出典：IPCC, IPCC Fourth Assessment Report, Climate Change 2007[23]〕

図56は赤祖父氏の著書『正しく知る地球温暖化』（誠文堂新光社、二〇〇八年（文献(25)）から引用したものです。四五万年前から今日に至るまでの、大気中のCO_2濃度、メタン濃度、気温変化を示したグラフです。この元となるデータは南極に存在する厚み一〇〇〇mを越える分厚い氷をボーリングにより取り出して、氷内部に含まれるガス成分などを分析して得られたものです（文献

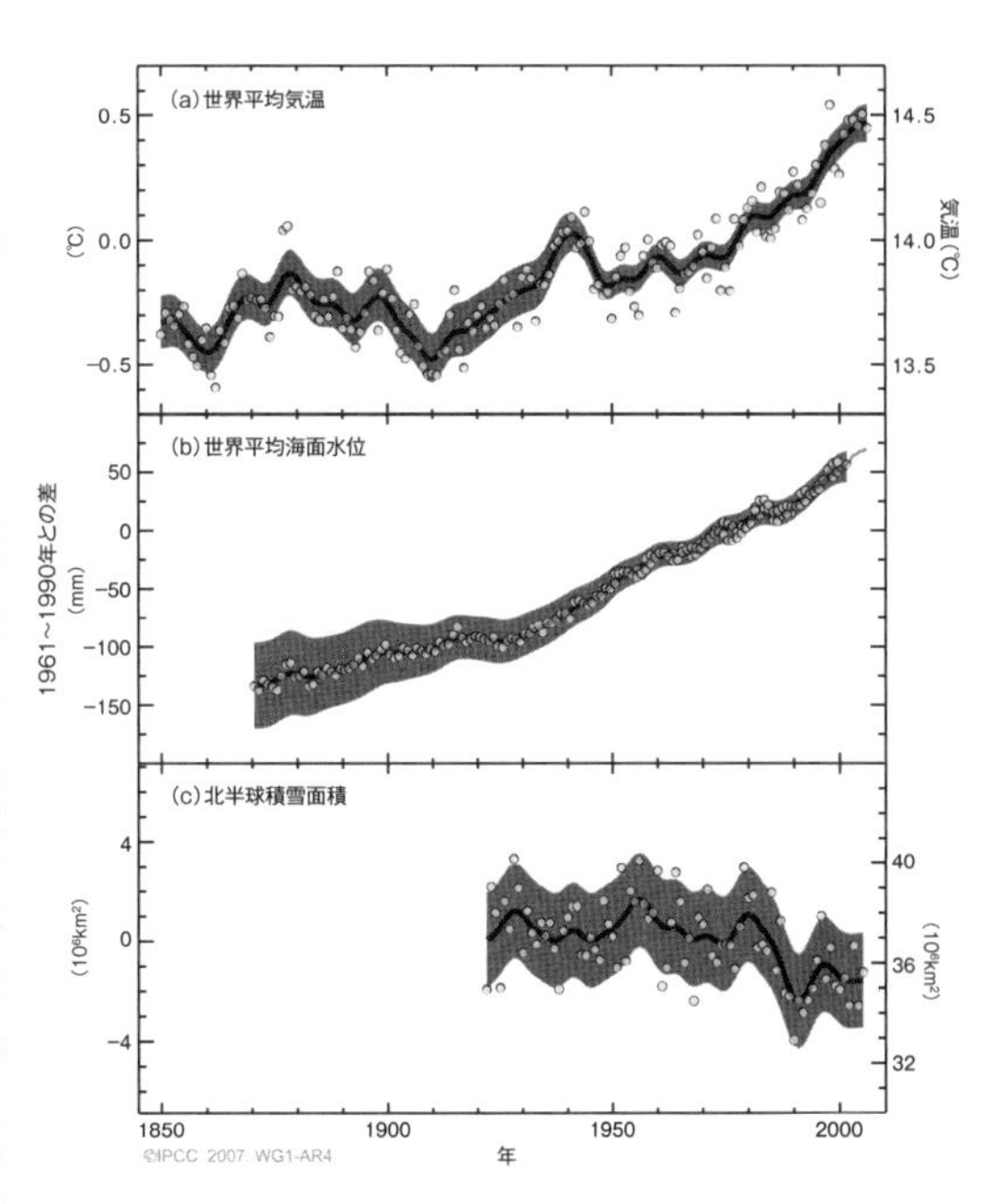

図55　世界平均気温、平均海面水位、北半球積雪面積の年次推移〔出典：IPCC, IPCC Fourth Assessment Report, Climate Change 2007[24]〕

[26]）。驚くべきことに、温暖化ガス濃度の増減と気温の増減が一〇万年程度の周期で連動していることが示されているのです。また精密な議論より、温度変化が数百年ほど先に起きて、その後に温暖化ガスの濃度が変化していることがわかっています。つまり、温暖化ガスが増えたのが原因で気温が上昇したのでなくて、気温が上昇したから温暖化ガスが増えたという話です。

一〇万年という非常に長い時間間隔での周期性が何に起因するかはわかっていないのですが、一つの可能性としてミランコビッチ・サイクルが挙げられます（図57）。セルビアのミランコビッチは一九四一年に「地球の入射量の規範と氷河期問題への応用」という論文を発表しました。彼はその中で地球の不規

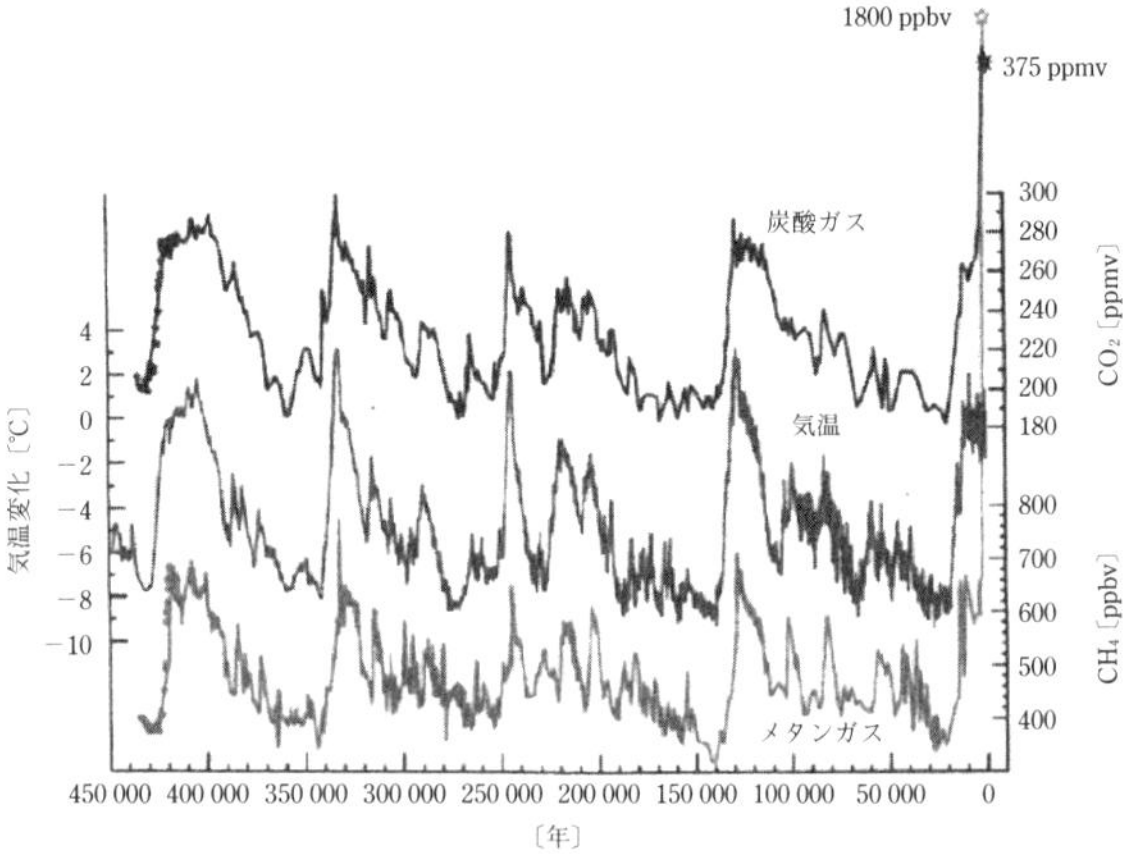

図 56　南極における大気中の炭酸ガス、メタンガスおよび気温の変化〔出典：赤祖父俊一、正しく知る地球温暖化[25]〕

則運動を元に太陽から放射される光エネルギー変化を算出し、氷河期の周期性を説明しました。不規則運動の中身は、地球の公転軌道（楕円）の離心率の変化、自転軸の傾きの変化、自転軸の首振り運動（歳差運動）、などであり、周期はおおよそ一〇万年前後となるものです。

また、図58に一九八八年以降の地表温度平均値の実測値を示します（文献(27)）。ハンセンの予想では一〇年間で〇・四五℃増加するはずでしたが、地表温度計測では〇・二℃程度の幅で揺らいでいるのみですし、観測衛星や気球によ

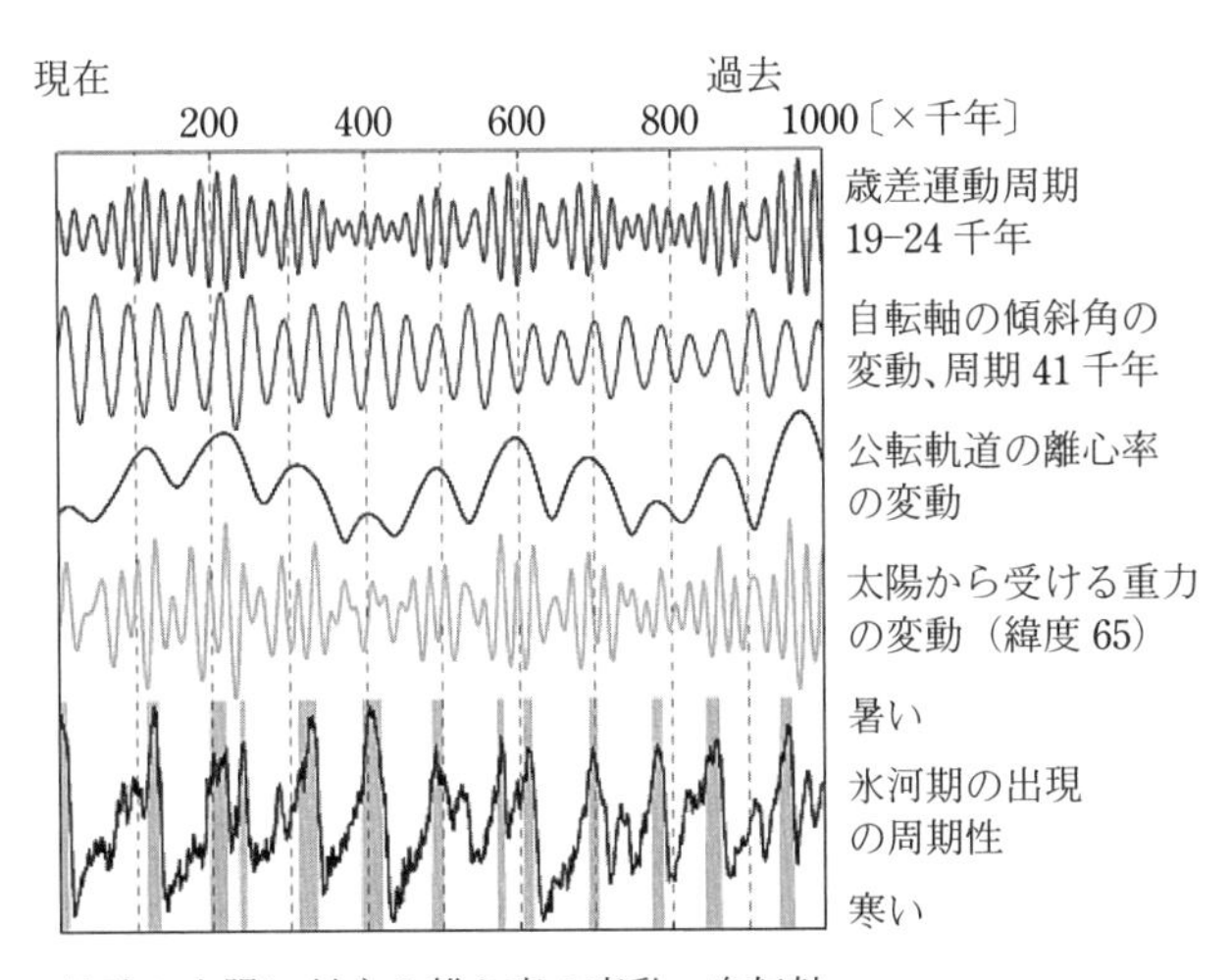

地球の太陽に対する離心率の変動、自転軸の傾斜と歳差運動の長周期振動、及び太陽から受ける重力の変動、氷河期出現等の相関を示しています。

図 57　ミランコビッチ・サイクルと氷河期の出現周期との相関〔出典：Wikipedia(28)〕

る測定では変動を伴いつつ、やや下がっています。

　また、二〇一五年一一月にはＮＡＳＡの観測により、一九九二―二〇一二年の間に南極を覆う氷の量が増えていたことが報じられました。氷が増えた原因は降雪量が多かったためであり、一九九二―二〇〇一年には年間一一二〇億トンの氷が増加し、また二〇〇二―二〇〇八年はペースが下がって年間八二〇億トンの増加となっています。また一方で、グリーンランドの氷が最近数十年間で大きく後退していることも紛れもない事実です。このように、CO_2濃度の増加は確かに認められますが、地球温暖化が進行しているかどうかはデータの取り方によっては違う結論が報じられていることもあり、そう簡単には断言できないのです（文献(29)）。地球は非常に大きな惑星であり、気象は地域によって大きく異なっています。ある地域では温暖化が進行する反面、別の地域では寒冷化が進行していることもあるのです（文献(30)）。ただし人類にとってもっと深刻な問題は、化石燃料が数十年後か数百年後には枯渇する可能性が高く、エネルギー問題を解決しないことには子孫の

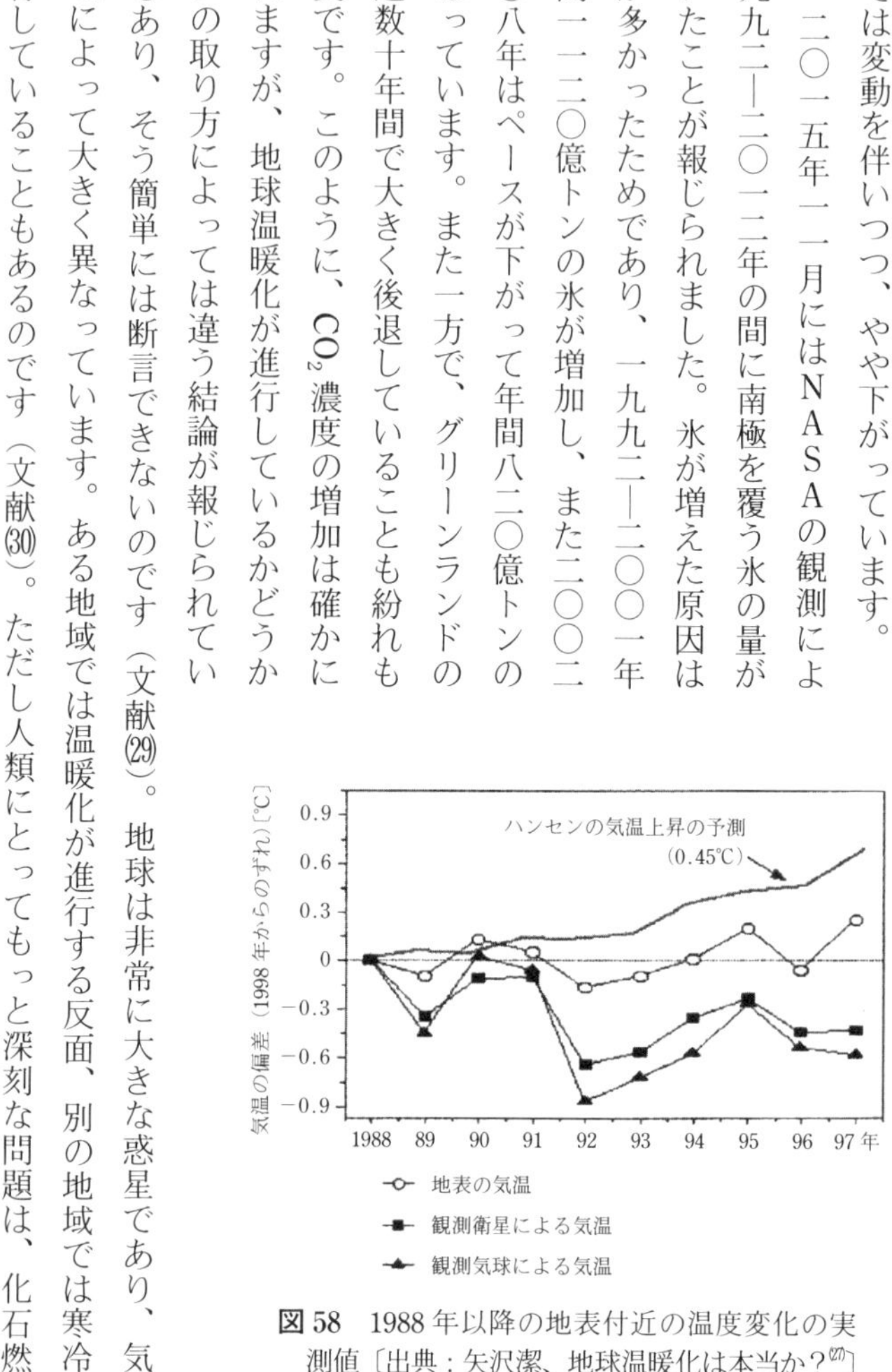

図58　1988年以降の地表付近の温度変化の実測値〔出典：矢沢潔、地球温暖化は本当か？(27)〕

繁栄はあり得ないということではないでしょうか。その意味でCO_2削減を議論することはおおいに有意義です。

　CO_2排出量は今後も開発途上国などでどんどん化石エネルギー源を使用していくと増えていくことになります。ＩＥＡ（International Energy Agency）は二〇三五年までCO_2排出量の予測を発表しています。（図59）図中の点線は、表10に示された削減目標を実行した場合に到達できるCO_2削減予想ラインです。表中の削減案のなかで、再生可能エネルギーの増加（一一%）、原子力発電の増加（六%）が大きな割合を占めています。原子力発電はウランを原料にしますが、これは実際にはほとんど無尽蔵に近い物質です。核分裂反応ではCO_2は排出されませんが、何か事故があった場合には深刻な放射能の大量拡散の危険性があります。安全策を取るならば、風力、波力、水力、地熱、太陽電池などの再生可能エネルギープラントをもっと発展させるべきと言えるでしょう。参考として、図60に各種一次エネルギーのCO_2排出量の比較を示します。これら再生可能エネルギーと原子力発電は、CO_2排出量が化石燃料と比べてはるかに小さいことがわかります。

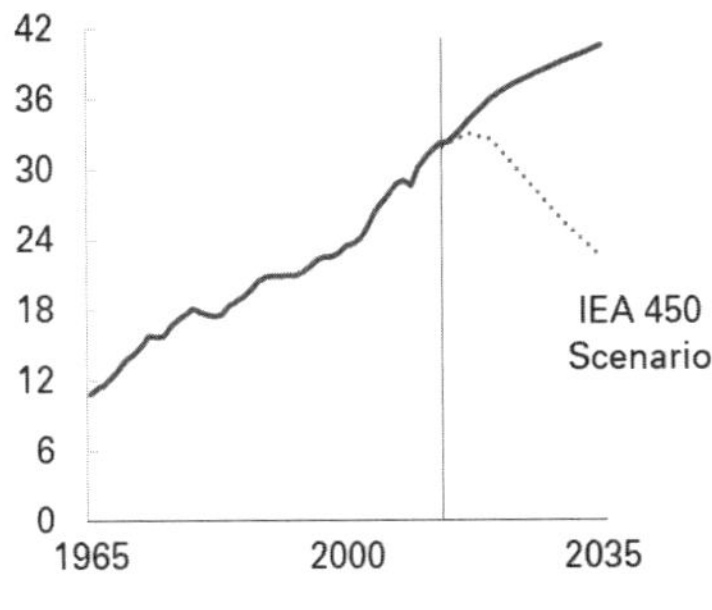

図59　CO_2排出量の推移予測とIEA 450による削減の見通し（単位はBillion tonnes CO_2＝ギガt_{CO_2}＝10^9 t_{CO_2}）〔出典：BP, Energy Outlook 2035[31]〕

表 10　CO_2 排出削減に向けての IEA の施策の例

CO_2 削減案	目標軽減率〔%〕
火力発電燃料の石炭から天然ガスへの変更	1
石炭火力発電所へ CCS 技術の導入	0.7
再生可能エネルギー発電の増加	11
原子力発電の増加	6
車両等のエネルギー効率の向上	2
その他エネルギー効率の向上	1
発電効率の向上	1

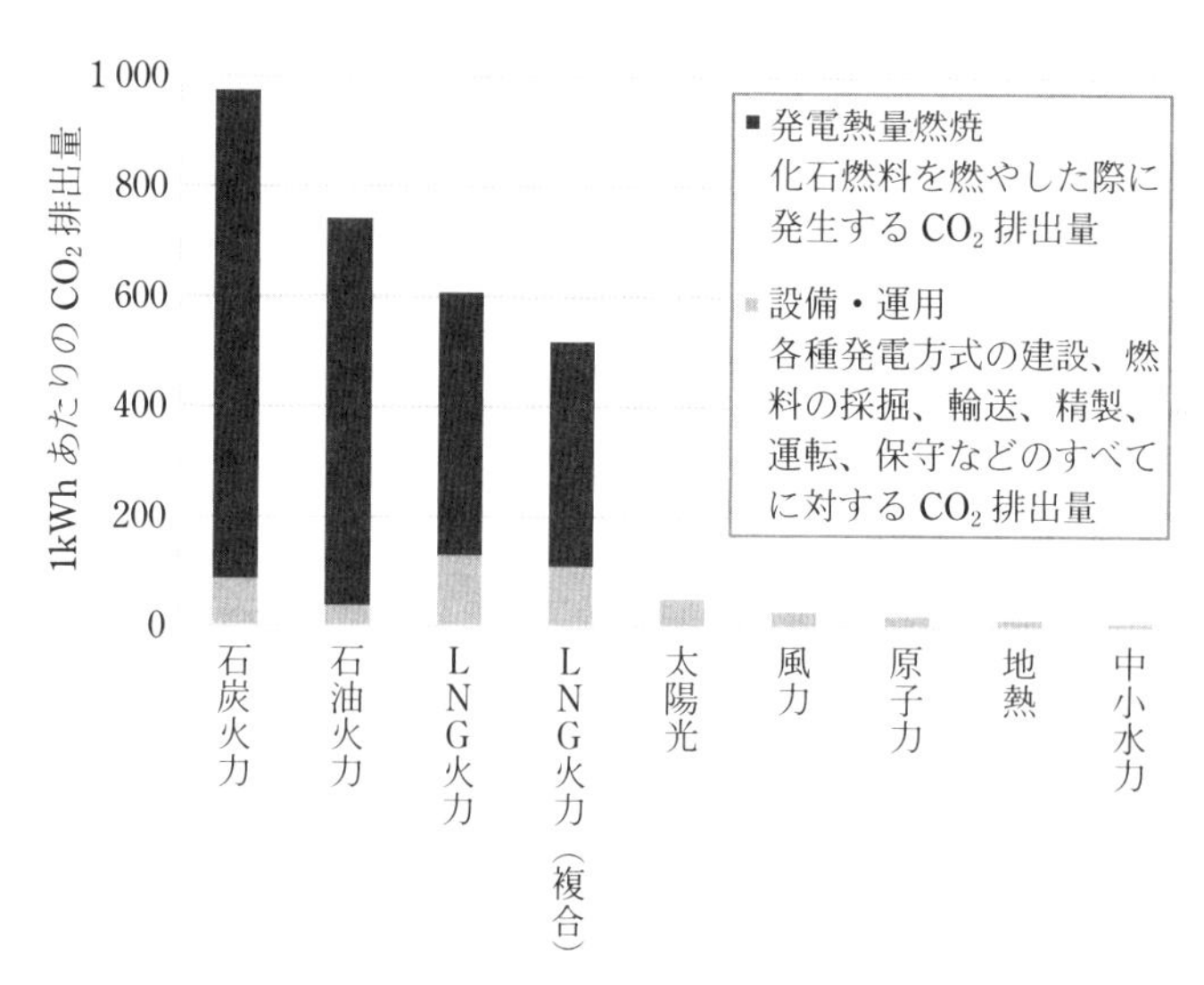

図 60　各種一次エネルギーの CO_2 排出量の比較〔出典：電気事業連合会、原子力エネルギー図面集[32]〕

さて、二〇一五年一二月にパリで開催されたＣＯＰ21でのCO_2削減に向けた調整が大きな話題になりました。ＣＯＰ21には中国と米国の双方が参加しているので、具体的に意味のあるCO_2削減方策が実行可能です。特に中国は著しいエネルギー消費大国になりましたが、大都市では重度の大気汚染が問題となっており、早急にCO_2排出を削減する必要があるでしょう。中国は複数の原子力発電所の建設計画をすでに立てており、また原発技術を輸出するビジネスも展開しています。またフランスはCO_2削減を掲げて、原発比率を上げる方向に政府が動いているとの予測があります。私たちのような一般人も、このようなニュース情報をよく捉えた上で、エネルギー問題に対しての政府や企業の意思決定が誤った方向に行かないように、注意して見守っていくべきではと思います。

引用・参考文献

個別の引用・参考文献ＷＥＢサイト（以下ＵＲＬは二〇一五年一二月現在）

１章

(1) 中山秀太郎：『機械発達史』、大河出版、一九九〇年
(2) アダム・ハート・デイビス監修：『サイエンス大図鑑』河出書房新社、二〇一一年
(3) ジャック・チャロナー編集：『人類の歴史を変えた発明１００１』ゆまに書房、二〇一一年
(4) Wikipedia ウルのスタンダード：https://ja.wikipedia.org/wiki/ ウルのスタンダード
(5) Wikipedia Crane（machine）：https://en.wikipedia.org/wiki/Crane_（machine）
(6) Wikipedia 水汲み水車：https://ja.wikipedia.org/wiki/ 水汲み水車
(7) Wikipedia キンデルダイク：https://ja.wikipedia.org/wiki/ キンデルダイク
(8) ブリタニカ・オンライン・ジャパン「ぜんまい式腕時計の構造」：http://global.britannica.com/technology/clock
(9) Wikipedia 振り子時計：https://ja.wikipedia.org/wiki/ 振り子時計
(10) Wikipedia Johannes Gutenberg：https://en.wikipedia.org/wiki/Johannes_Gutenberg
(11) Wikipedia ヨハネス・グーテンベルク：https://ja.wikipedia.org/wiki/ ヨハネス・グーテンベルク
(12) Wikipedia 蒸気機関：https://ja.wikipedia.org/wiki/ 蒸気機関
(13) Wikipedia John Blenkinsop：https://en.wikipedia.org/wiki/John_Blenkinsop
(14) 新潟大学旭町学術資料展示館ＷＥＢサイト　旧制新潟高等学校の物理関係の資料：http://museum-eng.eng.niigata-u.ac.jp/physics/04p_niigata.html

⒂ Wikipedia　検電器：https://ja.wikipedia.org/wiki/ 検電器

2章

(1) リチャード・A・ムラー：『バークレー白熱教室講義録　文系のためのエネルギー論』早川書房、二〇一三年
(2) ウシオ電機ＷＥＢサイト　電磁波と光：https://www.ushio.co.jp/jp/technology/glossary/material/attached_material_01.html
(3) 牛山　泉・山地憲治共編：『エネルギー工学』、オーム社、二〇一〇年

3章

(1) Wikipedia　Steam turbine：https://en.wikipedia.org/wiki/Steam_turbine
(2) 東芝電力システム社ＷＥＢサイト　火力・水力事業部　火力発電　製品と技術紹介　発電機：https://www.toshiba.co.jp/thermal-hydro/thermal/products/generator/index_j.htm
(3) NEDO ＷＥＢサイト　NEDOプロジェクト実用化ドキュメント：http://www.nedo.go.jp/hyoukabu/articles/201205mitsubishi_j/
(4) Wikipedia　フランシス水車：https://ja.wikipedia.org/wiki/ フランシス水車
(5) Wikipedia　Wind turbine：https://en.wikipedia.org/wiki/Wind_turbine
(6) Wikipedia　Wind turbine design：https://en.wikipedia.org/wiki/Wind_turbine_design
(7) GWEC Global Statistics：http://www.gwec.net/global-figures/graphs/
(8) 太田健一郎監修：『再生可能エネルギーと大規模電力貯蔵』、日刊工業新聞社、二〇一二年
(9) 新田目倖造：『基礎からわかるエネルギー入門』、電気書院、二〇一三年
(10) Solar Spectral Irradiance, Air Mass 1.5：http://rredc.nrel.gov/solar/spectra/am1.5/
(11) Heinrich Haberlin：Photovoltaics System Design and Practice, Wiley（2012）

(12) 山口真史ほか著：『太陽電池の基礎と応用』丸善出版、p.178、二〇一〇年
(13) EPIA Global market outlook for photovoltaics 2013-2017, p.33（2013）
(14) IHS：Solar Power Industry Trend for 2015
(15) IAE-PPVS Trends 2015 in Photovoltaics Applications,IEA（2015）：
http://www.iea-pvps.org/fileadmin/dam/public/report/national/IEA-PVPS_-_Trends_2015_-_MedRes.pdf
(16) Statista Global market share of solar module manufacturers in 2013：
http://www.statista.com/statistics/269812/global-market-share-of-solar-pv-module-manufacturers/
(17) NEDO：NEDO 太陽光発電開発戦略、二〇一四年九月
(18) 『太陽光発電産業総覧２０１４』、産業タイムズ社、二〇一五年
(19) IEA Report IEA-PVPS T1-27:2014, Trends 2014 in photovoltaic application p.44：
http://www.iea-pvps.org/fileadmin/dam/public/report/national/IEA-PVPS_-_Trends_2015_-_MedRes.pdf
(20) Solar cell central Solar Markets Around The World：http://solarcellcentral.com/markets_page.html

4章

(1) Wikipedia　蒸気自動車：https://ja.wikipedia.org/wiki/ 蒸気自動車
(2) 新星出版社編集部編著：『徹底図解　自動車のしくみ』新星出版社、二〇〇五年
(3) 国土交通省ＷＥＢサイト　自動車燃費一覧（平成27年3月）：
http://www.mlit.go.jp/jidosha/jidosha_fr10_000024.html
(4) 廣田幸嗣：『トコトンやさしい　電気自動車の本』Ｂ＆Ｔブックス、日刊工業新聞社、二〇〇九年
(5) 御堀直嗣：『電気自動車は新たな市場をつくれるか？』Ｂ＆Ｔブックス、日刊工業新聞社、二〇一〇年
(6) Wikipedia　Toyota Mirai：https://en.wikipedia.org/wiki/Toyota_Mirai
(7) 水谷　仁編集：『ニュートン別冊　水素社会の到来　核融合への夢』、ニュートンプレス、二〇一五年

(8) 新星出版社編集部：『カラー版徹底図解　鉄道のしくみ』新星出版社、p.185、二〇一六年
(9) 新星出版社編集部：『カラー版徹底図解　鉄道のしくみ』新星出版社、二〇一六年
(10) Wikipedia　ＳＬやまぐち：https://ja.wikipedia.org/wiki/SL やまぐち号
(11) Wikipedia　電気機関車 https://ja.wikipedia.org/wiki/ 電気機関車
(12) Wikipedia　新幹線：https://ja.wikipedia.org/wiki/ 新幹線
(13) Wikipedia　超電導リニア https://ja.wikipedia.org/wiki/ 超電導リニア
(14) Wikipedia　リニアモーターカー https://ja.wikipedia.org/wiki/ リニアモーターカー

５章

(1) Wikipedia　World population：https://en.wikipedia.org/wiki/World_population
(2) 経済産業省　資源エネルギー庁：平成25年度エネルギーに関する年次報告（エネルギー白書２０１４）
図【第 221-1-1】
(3) 経済産業省　資源エネルギー庁：平成25年度エネルギーに関する年次報告（エネルギー白書２０１４）
図【第 221-1-2】
(4) 資源エネルギー庁：エネルギー白書２０１４年
(5) International Energy Agency（IEA）：World Energy Outlook 2015
(6) 経済産業省　資源エネルギー庁：平成25年度エネルギーに関する年次報告（エネルギー白書２０１４）
図【第 111-3-1】

６章

(1) ジャパン・フォー・サステナビリティ（JFS）ＷＥＢサイト：
http://www.japanfs.org/ja/files/ope_rate_of_nuclear_reactors.jpg
(2) 榎本聡明：『原子力発電がよくわかる本』オーム社、二〇〇九年

(3) 水谷　仁編集：『ニュートン別冊　原発のしくみと放射能』、ニュートンプレス、二〇一一年
(4) 電気事業連合会：原子力・エネルギー図面集２０１５
(5) 電気事業連合会ＷＥＢサイト　原子力・エネルギー図面集２０１５　第５章「原子力発電の安全性」：
http://www.fepc.or.jp/library/pamphlet/zumenshu/pdf/all05.pdf
(6) 電気事業連合会ＷＥＢサイト　原子力・エネルギー図面集２０１５第４章「原子力発電の現状」：
http://www.fepc.or.jp/library/pamphlet/zumenshu/pdf/all04.pdf
(7) 原子力規制委員会ＷＥＢサイト　放射線モニタリング情報　文部科学省及び栃木県による航空機モニタリングの測定結果：http://radioactivity.nsr.go.jp/ja/contents/5000/4930/view.html
(8) UNSCEAR 2000 REPORT Vol. II Sources and Effects of Ionizing Radiation：
http://www.unscear.org/docs/reports/annexj.pdf
(9) 電気事業連合会ＷＥＢサイト　原子力・エネルギー図面集２０１５第６章「放射線」：
http://www.fepc.or.jp/library/pamphlet/zumenshu/pdf/all06.pdf
(10) 経済産業省　資源エネルギー庁：平成26年度エネルギーに関する年次報告（エネルギー白書２０１４）
図【第121-3-2】
(11) 経済産業省　資源エネルギー庁：平成26年度エネルギーに関する年次報告（エネルギー白書２０１４）
図【第121-2-2】の一部
(12) 電気事業連合会ＷＥＢサイト　原子力・エネルギー図面集２０１５第４章「原子力発電の現状」：
http://www.fepc.or.jp/library/pamphlet/zumenshu/pdf/all04.pdf

７章

(1) International Energy Agency（IEA）：World Energy Outlook 2015
(2) IEA,2014 Key Word Energy Statistics,p.28：

http://www.energy-modelschool.jp/cms/wp-content/uploads/2014/11/KeyWorld2014.pdf
(3) IEA,2014 Key Word Energy Statistics,p.33：
http://www.energy-modelschool.jp/cms/wp-content/uploads/2014/11/KeyWorld2014.pdf
(4) 電気事業連合会ＷＥＢサイト　原子力・エネルギー図面集２０１５第１章「世界および日本のエネルギー情勢」
(5) IEA,2014 Key Word Energy Statistics,p.14：
http://www.energy-modelschool.jp/cms/wp-content/uploads/2014/11/KeyWorld2014.pdf
(6) BP（British Petlorium）：Energy Outlook 2015
(7) 西方正志司：『環境とエネルギー』、電気電子ライブラリ、数理工学社、二〇一三年
(8) 西山　孝・別所昌彦共著：『統計データから見る―地球環境・資源エネルギー論』、丸善出版、二〇一一年
(9) BP p.l.c. Energy Outlook 2035 presentation, pp.2-3：
http://www.bp.com/content/dam/bp/pdf/energy-economics/energy-outlook-2015/Energy_Outlook_2035_presentation.pdf
(10) 日本経済新聞社編：『日経資源・食料・エネルギー地図』日本経済新聞社、二〇一二年
(11) World Energy Resources 2013 world energy council：
https://www.worldenergy.org/wp-content/uploads/2013/09/Complete_WER_2013_Survey.pdf
(12) 伊原　賢・末廣能史：『天然ガスシフトの時代』、B&Tブックス、日刊工業新聞社、二〇一二年
(13) World Energy Resources 2013 world energy council,p.64：
https://www.worldenergy.org/wp-content/uploads/2013/09/Complete_WER_2013_Survey.pdf
(14) 西岡秀三監修：『ニュートン別冊　地球温暖化　改訂版』、ニュートンプレス、二〇一〇年

(15) R.A.Hanel *et al*.: Journal of Geophysical Research, vol.77-15, p.2639（1972）
(16) Mully L.Salby：Fundamentals of atmospheric physics, Academic Press
(17) IEA,2014 Key Word Energy Statistics,p.44：
http://www.energy-modelschool.jp/cms/wp-content/uploads/2014/11/KeyWorld2014.pdf
(18) IEA,2014 Key Word Energy Statistics,p.45：
http://www.energy-modelschool.jp/cms/wp-content/uploads/2014/11/KeyWorld2014.pdf
(19) J.Hansen *et al*.: “Climate impact of increasing atmospheric Carbon Dioxide”, SCIENCE, vol.213, pp.957-966（1981）
(20) Hansen *et.al*.: Grobal surface temperature charge, Rev. Geophys, 48, RG4004.（2010）
(21) 日本気象学会地球環境問題委員会編：『地球温暖化――そのメカニズムと不確実性――』、朝倉書店、二〇一四年
(22) 地球環境研究センター編著：『地球温暖化の事典』、丸善出版、二〇一四年
(23) IPCC Fourth Assessment Report Climate Change 2007 Working Group I The Physical Science Basis：
https://www.ipcc.ch/publications_and_data/ar4/wg1/en/faq-2-1-figure-1.html
(24) IPCC Fourth Assessment Report Climate Change 2007 Synthesis Report：
https://www.ipcc.ch/publications_and_data/ar4/syr/en/figure-1-1.html
(25) 赤祖父俊一：『正しく知る地球温暖化』、誠文堂新光社、p.57、二〇〇八年
(26) 藤井理行・本山英明編著：『アイスコア』、極地研ライブラリー、成山堂書店、二〇一一年
(27) 矢沢　潔著：『地球温暖化は本当か？　――宇宙から眺めたちょっと先の地球予測――』、技術評論社、p.141、二〇〇六年
(28) Wikipedia ミランコビッチ・サイクル：https://ja.wikipedia.org/wiki/ ミランコビッチ・サイクル

(29) 渡辺　正：『「地球温暖化」神話』、丸善出版、二〇一二年
(30) 山賀　進：『地球について、まだわかっていないこと』、ベレ出版、二〇一一年
(31) BP p.l.c. Energy Outlook 2035 presentation, p.29：
http://www.bp.com/content/dam/bp/pdf/energy-economics/energy-outlook-2015/Energy_Outlook_2035_presentation.pdf
(32) 電気事業連合会：原子力・エネルギー図面集 2012,2-1-9

その他全般的に参考にしたＷＥＢサイト

(1) 資源エネルギー庁　統計ポータルサイト　各種データ（エネルギーに関する分析用データ）：
http://www.enecho.meti.go.jp/statistics/analysis/
(2) GWEC ABOUT GWEC：http://www.gwec.net/about
(3) Resources Global Market Outlook for Solar Power 2015-2019 - Solar Business Hub：http://resources.solarbusinesshub.com/solar-industry-reports/item/global-market-outlook-for-solar-power-2015-2019
(4) 一般社団法人　日本原子力技術協会　施設稼働状況：http://www.gengikyo.jp/facility/
(5) Wolters Kluwer Published Ahead-of-Print：Epidemiology：http://journals.lww.com/epidem/Abstract/publishahead/Thyroid_Cancer_Detection
(6) 東京電力　中長期ロードマップ：http://www.tepco.co.jp/decommision/planaction/roadmap/index-j.html
(7) 経済産業省　長期エネルギー需給見通し（二〇一五年）：
http://www.meti.go.jp/press/2015/07/20150716004/20150716004_2.pdf
(8) UNSCEAR 2000 report Vol. II: Effects, Exposures and effects of the Chernobyl accident, pp.497-499：
http://www.unscear.org/unscear/publications/2000_2.html
(9) BP Global Statistical Review | Energy economics：http://www.bp.com/en/global/corporate/energy-

economics/statistical-review-of-world-energy.html
(10) IEA World Energy Outlook：http://www.worldenergyoutlook.org/
(11) EPIA Clean Energy Business Council Global Market Outlook for Photovoltaics 2014-2018（2014）：http://www.cleanenergybusinesscouncil.com/global-market-outlook-for-photovoltaics-2014-2018-epia-2014
(12) 一般財団法人　石炭エネルギーセンター石炭の埋蔵量　JCOAL：http://www.jcoal.or.jp/intern/cucoal/04/
(13) Dr. James E. Hansen：http://www.columbia.edu/~jeh1/
(14) Cato Institute Testimony of Patrick J. Michaels on Climate Change：http://www.cato.org/publications/congressional-testimony/testimony-patrick-j-michaels-climate-change
(15) NEDO　新エネルギー（再生可能エネルギー）（技術／成果情報）：http://www.nedo.go.jp/seisaku/shinene.html?from=key
(16) リニア中央新幹線　リニアの仕組み：http://www.linear-chuo-shinkansen-cpf.gr.jp/sikumi.html
(17) 福島第一発電事故による放射線汚染の実態：http://www.imart.co.jp/fukushima-genpatu-houshasen-eikyou-p1.html
(18) トヨタ自動車　トヨタ MIRAI：http://toyota.jp/mirai/
(19) 環境省　ＩＰＣＣ第五次評価報告書について：https://www.env.go.jp/earth/ipcc/5th/
(20) IPCC Intergovernmental Panel on Climate Change：http://www.ipcc.ch/index.htm

【こ】

【さ】

【し】

【す】

【せ】

【た】

【ち】

【て】

索　　引

科学技術の発展とエネルギーの利用

2016年5月6日 初版第1刷発行 ★

検印省略	著 者	新宮原(しんぐうばら) 正三(しょうそう)
	発 行 者	株式会社 コロナ社
		代 表 者 牛来真也
	印 刷 所	萩原印刷株式会社

112-0011 東京都文京区千石4-46-10

発行所 株式会社 **コ ロ ナ 社**

CORONA PUBLISHING CO., LTD.

Tokyo Japan

振替 00140-8-14844・電話（03）3941-3131（代）

ホームページ http://www.coronasha.co.jp

ISBN 978-4-339-07712-4 （中原） （製本：愛千製本所）

Printed in Japan

新コロナシリーズ

発刊のことば

西欧の歴史の中では、科学の伝統と技術のそれとははっきり分かれていました。それが現在では科学技術とよんで少しの不自然さもなく受け入れられています。つまり科学と技術が互いにうまく連携しあって今日の社会・経済的繁栄を築いているといえましょう。テレビや新聞でも科学や新しい技術の紹介をとり上げる機会が増え、人々の関心も大いに高まっています。

反面、私たちの豊かな生活を目的とした技術の進歩が、そのあまりの速さと激しさゆえに、時としていささかの社会的ひずみを生んでいることも事実です。

これらの問題を解決し、真に豊かな生活を送るための素地は、複合技術の時代に対応した国民全般の幅広い自然科学的知識のレベル向上にあります。

以上の点をふまえ、本シリーズは、自然科学に興味をもたれる高校生なども含めた一般の人々を対象に自然科学および科学技術の分野で関心の高い問題をとりあげ、それをわかりやすく解説する目的で企画致しました。また、本シリーズは、これによって興味を起こさせると同時に、専門分野へのアプローチにもなるものです。

●投稿のお願い

皆様からの投稿を歓迎します。「発刊のことば」の趣旨をご理解いただいた上で、

パソコンが家庭にまで入り込む時代を考えれば、研究者や技術者、学生はむろんのこと、産業界の人も家庭の主婦も科学・技術に無関心ではいられません。

このシリーズ発刊の意義もそこにあり、したがって、テーマは広く自然科学に関するものとし、高校生レベルで十分理解できる内容とします。また、映像化時代に合わせて、イラストや写真を豊富に挿入し、できるだけ広い視野からテーマを掘り起こし、科学はむずかしい、という観念を読者から取り除き興味を引き出せればと思います。

●体　裁

判型・頁数：B六判　一五〇頁程度

字詰：縦書き　一頁　四四字×十六行

なお、詳細について、また投稿を希望される場合は前もって左記にご連絡下さるようお願い致します。

●お問い合せ

コロナ社「新コロナシリーズ」担当

電話（〇三）三九四一－三一三一